"十三五"示范性高职院校建设成果教材

电机与电气控制项目式教程

主　编　王　璐

副主编　冯珊珊　王晓鹏

王　楠　岳　威

北京理工大学出版社

BEIJING INSTITUTE OF TECHNOLOGY PRESS

内 容 简 介

本书根据高职高专人才培养的特点，注重实践能力和应用能力的提升。全书内容主要分为三个模块：电机基本知识、电气控制电路的开发、电气控制电路的检修。本书还在每一部分的编写中加入了“技能训练”以及“知识窗”，扩展了知识的深度和广度，力求使学生通过本课程的学习，具备对常用电气控制设备的运行、维护、安装、调试的能力。

本书可以作为高职高专机电类专业、电气自动化技术、计算机控制、电子、通信等专业的教材，也可作为中等职业学校相关专业的提高教材，还可以作为自学考试人员的学习用书。

图书在版编目（CIP）数据

电机与电气控制项目式教程／王璐主编．—北京：北京理工大学出版社，2016.8（2019.7 重印）

ISBN 978－7－5682－3061－2

Ⅰ．①电…　Ⅱ．①王…　Ⅲ．①电机学－教材②电气控制－教材　Ⅳ．①TM3②TM921.5

中国版本图书馆 CIP 数据核字（2016）第 209790 号

出版发行／北京理工大学出版社有限责任公司
社　　址／北京市海淀区中关村南大街 5 号
邮　　编／100081
电　　话／（010）68914775（总编室）
（010）82562903（教材售后服务热线）
（010）68948351（其他图书服务热线）
网　　址／http：//www.bitpress.com.cn
经　　销／全国各地新华书店
印　　刷／涿州市新华印刷有限公司
开　　本／787 毫米×1092 毫米　1/16
印　　张／11
字　　数／260 千字
版　　次／2016 年 8 月第 1 版　2019 年 7 月第 3 次印刷
定　　价／32.00 元

责任编辑／钟　博
文案编辑／钟　博
责任校对／周瑞红
责任印制／李志强

图书出现印装质量问题，请拨打售后服务热线，本社负责调换

前言 Preface

本书采用“项目导向、任务驱动”的教学模式，改变了以往“理论、实验、课程设计”三段式教学方式。全书围绕课程主旨，既设计了理论性较强的电机基本知识模块，又设计了与实际电路的设计、组装、调试、维护相关的电气控制电路的开发、电气控制电路的检修两个模块。模块由多个项目及任务组成，通过任务的逐一破解，体现了真实、完整的实际工作任务，充分体现了基于工作过程的全新教学理念，实现了“教、学、做一体化”的教学模式。本书在编写的过程中，将典型例题、技能训练、知识窗、思考与练习等有机地融入到教材当中，力求最大限度地扩展知识的深度和广度。

本书由王璐担任主编，冯珊珊、王晓鹏、王楠、岳威任副主编，具体分工如下：王璐负责模块一项目一、项目二的编写；冯珊珊负责模块一项目三的编写；王晓鹏负责模块二的编写；王楠负责模块三项目一的编写；岳威负责模块三项目二的编写。

本教材在编写时参阅了许多同行、专家所编著的教材和资料，同时也得到了相关单位和有关同仁的大力支持和帮助，在此表示衷心的感谢！

限于作者的学识水平，书中难免存在错误、疏漏之处，在此，全体编写者殷切期望使用本书的各位读者给予批评指证。

编　者

目录 Contents

电机一般分为静止电机、控制电机和旋转电机。静止电机如变压器，是静止不动的。控制电机是将信号进行转换的电机，比如常用的伺服电机、测速发电机、步进电动机。旋转电机的转轴可以发生转动，比如直流电机和三相交流异步电动机。

项目一　变压器的使用与维护

变压器是一种根据电磁感应原理进行工作的静止的电气设备，可将某一数值的交流电压与电流变换成同频率、另一数值的交流电压与电流，实现变换电压、变换电流和变换阻抗的作用。变压器分为单相变压器、三相变压器和特种变压器。

【学习目标】

（1）了解单相、三相变压器的基本组成结构；

（2）熟悉单相、三相变压器的工作原理。

【技能目标】

能够利用浙江天煌教学仪器 DDSZ－1 型电机及电气技术实验装置进行单相、三相变压器的相关实验，完成参数的测定。

【相关知识点】

任务一　单相变压器的使用与维护

一、单相变压器的结构

变压器作为一种静止的电气设备，其基本结构主要是铁芯、绕组及其他部件。图1－1所示为变压器的组成结构。

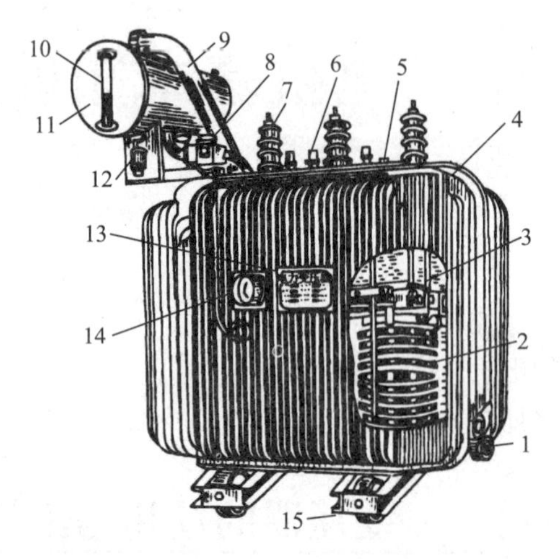

图1－1　变压器的组成结构图

1—油阀；2—绕组；3—铁芯；4—油箱；5—分接开关；6—低压导管；7—高压导管；8—气体继电器；9—防爆筒；10—油位器；11—油枕；12—吸湿器；13—铭牌；14—温度计；15—小车

1. 铁芯——变压器的磁路部分

铁芯主要由铁芯柱和铁轭两部分构成，铁芯柱上套装变压器绕组线圈，铁轭起连接铁芯柱使磁路闭合的作用。

1）铁芯材料

对铁芯的要求是导磁性能要好，因此为了减小磁阻、减小交变磁通在铁芯内产生的磁滞损耗和涡流损耗，变压器的铁芯大多采用0.35mm的薄硅钢片叠装而成。硅钢片分为热轧硅钢片和冷轧硅钢片两类，冷轧硅钢片的导磁性能较好，铁耗较小，是目前制作变压器铁芯的主要材料。

2）铁芯结构

按照绕组套入铁芯的形式，变压器的铁芯可以分为心式和壳式两种基本形式。

心式：绕组分装在两个铁芯柱上。结构简单、用铁量较少、散热条件较好，适用于容量大、电压高的变压器，如图1－2（a）所示。

壳式：绕组装在同一个铁芯上，绕组呈上下缠绕或里外缠绕，机械强度好，但制造工艺复杂，且外层绕组需用的铜线较多，适用于小型特殊变压器，如图1－2（b）所示。

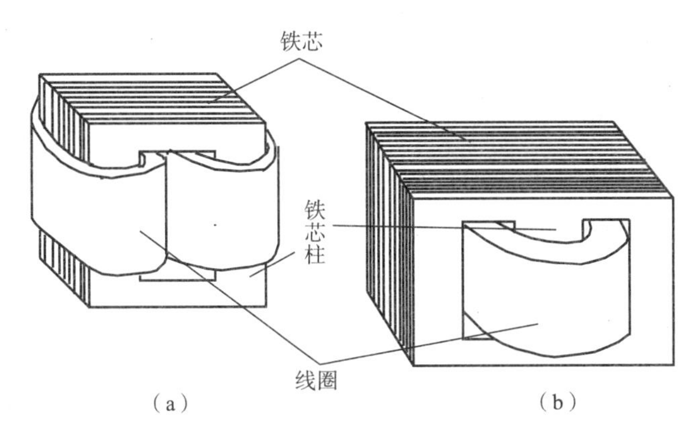

图 1-2　变压器铁芯的结构

(a) 心式；(b) 壳式

2. 绕组——变压器的电路部分

绕组是变压器的电路部分，它主要由绝缘良好的铜或铝的漆包线、纱包线或丝包线绕制而成的，对绕组的电气、耐热、机械等性能均有严格的要求，以保证变压器安全运行。

在变压器中，接到高压侧的绕组称为高压绕组，接到低压侧的绕组称为低压绕组。高低压绕组按安放形式的不同可分为同心式绕组和交叠式绕组。

(1) 同芯式绕组：高、低压线圈绕在同一铁芯柱上，同心排列。一般高压线圈排在外侧，低压线圈排在内侧，这样有利于对铁芯的绝缘。变压器高、低压绕组与铁芯之间都留有一定的绝缘间隙，并以绝缘筒（一般采用木纸或钢纸板绝缘圆筒）隔开，如图 1-3 (a) 所示。同芯式绕组结构简单，制造方便，国产电力变压器均采用这种结构。

(2) 交叠式绕组：又称为饼式绕组，是把变压器的高、低压绕组分别绕成若干个“饼式”绕组，高、低压“饼式”绕组交替地套装在铁芯柱上，如图 1-3 (b) 所示。为便于绝缘，铁芯柱两端靠近铁轭外总是套装低压绕组。交叠式绕组因其结构比较牢固，电气上易构成多条支路并联，但绝缘较复杂，主要应用于低电压、大电流的变压器上，如电炉变压器、电焊变压器等。

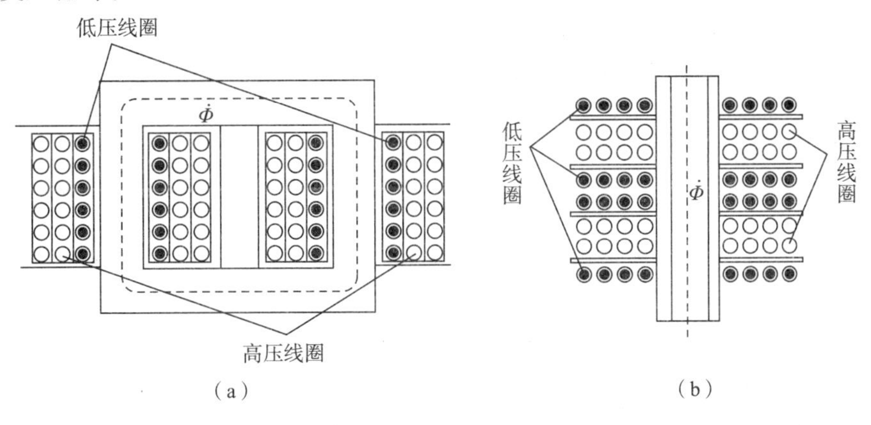

图 1-3　变压器绕组的结构

(a) 同芯式；(b) 交叠式

3. 其他部件

（1）油箱：由于存在变压器铁芯损耗与绕组损耗，这些损耗会使铁芯与绕组发热，影响变压器的安全工作，因此，通常将装好的变压器铁芯、绕组浸入变压器油中进行冷却。另外变压器油具有良好的绝缘作用。为了增加散热面积，容量较大的变压器，常采用带有钢管散热器的外壳帮助散热，这称为油浸自冷式；装有散热风扇协助散热的，称为油浸风冷式；装设油泵强迫使油在冷却器中循环冷却的，称为强迫油循环冷却式。

（2）储油柜：储油柜也称为油枕，装置在油箱上方，通过连通管与油箱连通，起到保护变压器油的作用。

（3）气体继电器（也称为瓦斯继电器）：气体继电器安装在油箱和储油柜的连接管道中间，是变压器内部故障的保护装置。当变压器内部绝缘被击穿或匝间短路时，变压器油和其他绝缘物分解气体，气压增大，冲击气体继电器，使其接点动作，通过控制保护回路，及时发出故障信号或切除电源。

（4）安全气道（也称为防爆管）：安全气道是装置在较大容量变压器油箱顶上的一个钢质长筒，下筒口与油箱连通，上筒口以玻璃板封口，当变压器内部发生故障，压力达到一定程度时，就把薄玻璃冲破，释放变压器内部的压力，防止变压器爆炸。

（5）绝缘套管：绝缘套管装置在变压器油箱盖上面，以确保变压器的引出线与油箱绝缘。

（6）分接开关：分接开关装置在变压器油箱盖上面，通过调节分接开关来改变原绕组的匝数，从而使副绕组的输出电压可以调节，以避免副绕组的输出电压因负载变化而过分偏离额定值，调节范围为 ±5%。

4. 变压器的分类

（1）按照用途分，主要有电力变压器、调压变压器、仪用互感器（如测量用电流互感器和电压互感器）、供特殊电源用的变压器（如整流变压器、电炉变压器、电焊变压器、脉冲变压器）。

（2）按照绕组数目分，主要有双绕组变压器、三绕组变压器、多绕组变压器、自耦变压器。

（3）按照相数分，主要有单相变压器、三相变压器、多相变压器。

（4）按照冷却方式分，主要有干式变压器、充气式变压器、油浸式变压器（按照冷却条件，又可细分为自冷变压器、风冷变压器、水冷变压器、强迫油循环风冷变压器、强迫油循环水冷变压器）。

（5）按照调压方式分，主要有无载调压变压器、有载调压变压器、自动调压变压器。

（6）按容量大小分，主要有小型变压器、中型变压器、大型变压器和特大型变压器。

5. 变压器的铭牌数据

为了保证变压器的正常使用，在每台变压器的外壳上都附有铭牌，标志其型号和主要参数。变压器的铭牌数据主要包括以下内容：

（1）额定容量 S_N。

S_N 是指变压器的视在功率，表示变压器在额定条件下的最大输出功率。对于三相变压器，额定容量是指三相容量之和。

（2）额定电压。

额定电压标志铭牌上的各绕组在空载、额定分接下端电压的保证值，其单位为 V 和 KV。三相变压器额定电压为线电压。

（3）额定电流。

额定电流是根据额定容量和额定电压计算出的电流。

（4）额定频率。

我国规定变压器的额定频率为 50Hz。

二、单相变压器的工作原理

单相变压器是指接在单相交流电源上，用来改变单相交流电压的变压器，其功率一般都比较小，主要应用于机床设备控制电路、安全照明电路以及各种家用电器的电源适配器中。

图 1－4 所示是单相变压器的工作原理，其中闭合铁芯由绝缘硅钢片叠合而成，原线圈（初级线圈）匝数用 N_1 表示、副线圈（次级线圈）匝数用 N_2 表示、输入/输出电压和电流分别为 U_1、I_1 和 U_2、I_2。

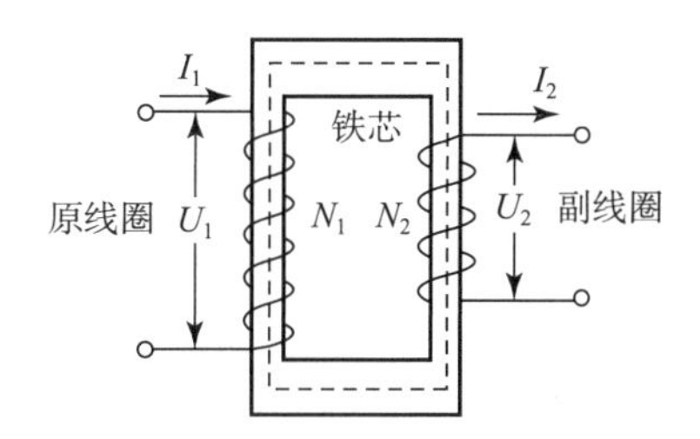

图 1－4　单相变压器的工作原理

当变压器的一次侧绕组加上交流电压时，该绕组中就会有交流电流流过，于是在铁芯磁路中就产生了交变磁通，根据法拉第电磁感应定律，一次侧和二次侧绕组中都将产生感应电动势，其大小分别为：

$$e_1 = -N_1 \frac{\mathrm{d}\Phi}{\mathrm{d}t} \tag{1-1}$$

$$e_2 = -N_2 \frac{\mathrm{d}\Phi}{\mathrm{d}t} \tag{1-2}$$

式中，e_1、e_2 为一次侧和二次侧的感应电动势；Φ 为铁芯中产生的磁通。

当把负载接于二次侧绕组上时，在电动势 e_2 的作用下，变压器就向负载输出电能，这就是变压器的基本工作原理。

1. 变压器空载运行——变压器原边接电源，副边不接负载的状态

根据图 1－4，忽略变压器一、二次侧绕组的电阻和漏磁通及铁芯的损耗时，原、副线圈的感应电动势与输入、输出电压相等，因此综合式（1－1）和式（1－2）可知

$$\frac{U_1}{U_2} = \frac{e_1}{e_2} = \frac{N_1}{N_2} = K \tag{1-3}$$

式中，K 为变压器的变比。

这说明变压器一、二次侧电压比约等于变压器一、二次侧绕组的匝数比。当 $K>1$ 时，

$U_1 > U_2$，变压器为降压变压器；当 $K<1$ 时，$U_1 < U_2$，变压器为升压变压器。变压器通过改变一、二次侧绕组的匝数比，就可以很方便地改变输出电压的大小。

2. 变压器负载运行——变压器原边接电源，副边接负载的状态

图1－5所示为单相变压器负载运行状态示意。当变压器的原边绕组接上电源，副边绕组接上负载后，副边绕组中有电流 I_2 流过，变压器工作时，若电源电压不变，铁芯中的主磁通 Φ 也基本不变。因此，当变压器接入负载后，一次侧绕组的磁动势 I_1N_1 和二次侧绕组的磁动势 I_2N_2 与变压器空载时的磁动势 I_0N_1 基本相等，即

$$I_0N_1 = I_1N_1 + I_2N_2 \tag{1-4}$$

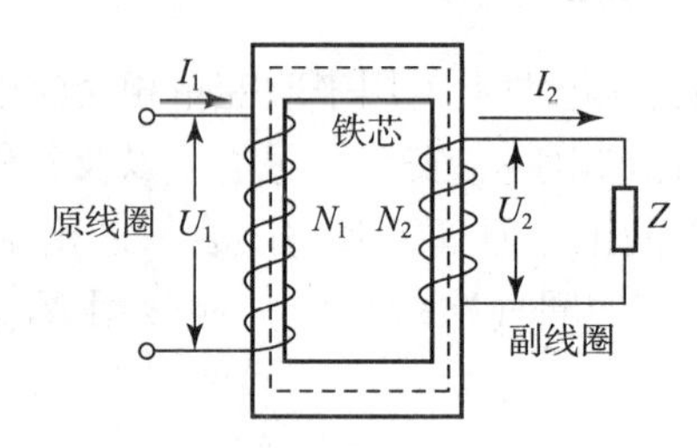

图1－5　单相变压器负载运行状态示意

因为空载电流很小，当变压器满载或接近满载时，空载励磁磁动势 I_0N_1 比一次侧绕组的磁动势 I_1N_1 或二次侧绕组的磁动势 I_2N_2 小得多，故可以忽略不计。所以式（1－4）可以简化为：

$$I_1N_1 + I_2N_2 = 0 \quad 即 \quad I_1N_1 = -I_2N_2 \tag{1-5}$$

式中的负号表示变压器负载运行时，二次侧绕组的磁动势与一次侧绕组的磁动势相位相反，二次侧绕组的磁动势对一次侧绕组的磁动势起退磁作用，一次侧绕组中的电流和二次侧绕组中的电流在相位上几乎相差180°。

若不考虑式（1－5）中的符号，则有 $I_1N_1 = I_2N_2$，即

$$\frac{I_1}{I_2} = \frac{N_2}{N_1} = \frac{1}{K} \tag{1-6}$$

这说明变压器是一种把电能转换为高压小电流或低压大电流的电气设备，起着传递能量的作用。

3. 变压器匹配运行

变压器不仅具有电压变换和电流变换的作用，还具有阻抗变换的作用。变压器一次侧绕组和二次侧绕组的阻抗值分别如式（1－7）和式（1－8）所述：

$$Z_1 = \frac{U_1}{I_1} \tag{1-7}$$

$$Z_2 = \frac{U_2}{I_2} \tag{1-8}$$

由此可以看出变压器一次侧、二次侧绕组的阻抗比为：

$$\frac{Z_1}{Z_2} = \frac{U_1}{I_1} \cdot \frac{I_2}{U_2} = \frac{U_1 I_2}{U_2 I_1} = K^2 \tag{1-9}$$

在电子电路中，为了获得较大的功率输出，往往对输出电路的输出阻抗与所接的负载阻

抗有一定的要求。因此可以通过改变变压器一次侧、二次侧绕组的匝数比，改变变压器一、二次侧的阻抗比，进而获得所需的阻抗匹配。

[例1-1]　已知某音响设备输出电路的输出阻抗为320Ω，所接的扬声器阻抗为5Ω，现在需要接一输出变压器使两者实现阻抗匹配，求：

(1) 变压器的变压比。

(2) 若变压器一次侧绕组匝数为480匝，问二次侧绕组匝数为多少？

解：

(1) 根据已知条件，输出变压器一次侧绕组的阻抗 $Z_1=320\Omega$，二次侧绕组的阻抗 $Z_2=5\Omega$。由式（1-9）得变压器的变压比为

$$K=\sqrt{\frac{Z_1}{Z_2}}=\sqrt{\frac{320}{5}}=8$$

(2) 由式（1-3）可知

$$N_2=\frac{N_1}{K}=\frac{480}{8}=60\text{（匝）}$$

任务二　三相变压器的使用与维护

现代电力系统普遍依靠三相变压器进行高压输电和低压配电，例如在低压供电系统中广泛使用10kV/400V三相变压器，因此三相变压器工作正常与否直接与企业生产和居民生活密切相关。为了确保变压器安全运行，工作人员既要做好日常维护与测量工作，还要具备一旦发生故障，能够迅速判断故障原因和性质，正确处理和排除故障的能力。

一、三相变压器的结构

三相变压器由三台单相变压器按一定的方式组合而成，其铁芯如图1-6所示，当三相绕组通入三相对称交流电流时，其所产生的三相主磁通也是对称的，即每相磁路都以其他两相的铁芯柱作为闭合回路。三相变压器有三个高压绕组，分别为1U、1V、1W相；有三个低压绕组，分别为2u、2v、2w相。同相绕组套在同一个铁芯柱上。

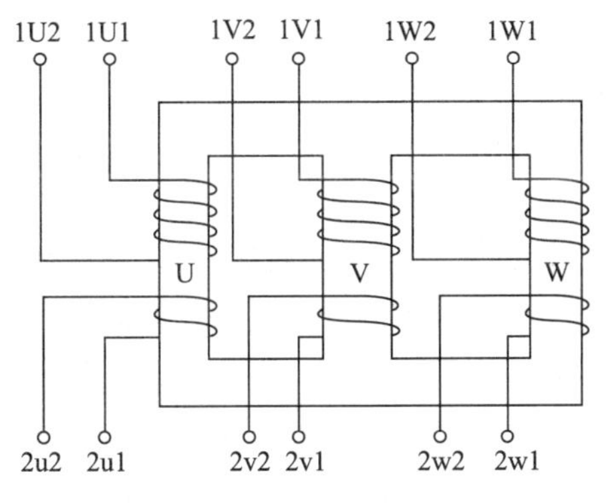

图1-6　三相变压器铁芯的结构

二、三相变压器的铭牌

铭牌是装在变压器外壳上的金属标牌，上面标有型号、容量、额定值等参数，是用户安全、经济、合理地使用变压器的依据。三相变压器的铭牌如图 1－7 所示。

三相电力变压器

型　　号　S9—500/10
产品代号　IFATO.710.022
标准代号　GB 1094.1—5—1996
额定容量　500kVA
3相　50Hz
额定效率　98.6%
使用条件　户外式
冷却方式　ONAN
油　　重　311kg

开关位置		电压（V）		电压（A）	
		高压	低压	高压	低压
Ⅰ	+5%	10 500	400	28.27	721.7
Ⅱ	额定	10 000			
Ⅲ	−5%	9 500			

连接组别　Yyn0　　短路电压　4.4%
额定温升　80℃　　器 身 重　1 115kg
总 重 量　1 779kg　　出厂序号　200201061

××变压器厂　　2002年1月

图 1－7　三相变压器的铭牌

1. 型号

型号可以表示变压器的结构特点、额定容量和高压侧的电压等级。例如型号“S9—500/10”，“S”表示三相油浸自冷式铜绕组变压器，“9”表示设计序号，“500”表示额定容量为 500kVA，“10”表示高压侧等级为 10kV。型号中各个符号的含义如图 1－8 所示。

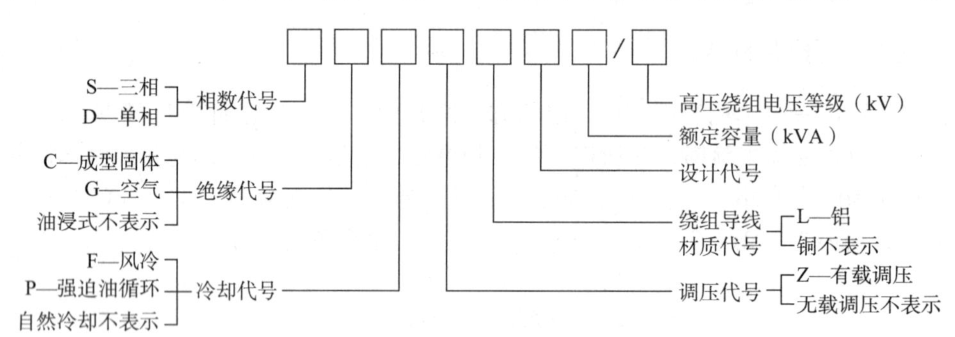

图 1－8　三相变压器型号中符号的含义

2. 额定电压 U_{1N}/U_{2N}

在三相变压器中，额定电压是指线电压。U_{1N}是指变压器一次侧绕组的额定电压；U_{2N}是指一次侧绕组为额定电压时，二次侧绕组的开路电压，即 U_{20}。图 1－7 中变压器铭牌的额定电压 U_{1N}/U_{2N}分别为 10kV/400V。

3. 额定电流 I_{1N}/I_{2N}

在三相变压器中，额定电流是指线电流。I_{1N}/I_{2N}是指变压器一次侧、二次侧绕组连续运行所允许通过的最大电流，即在某种冷却方式和额定温升条件下允许的满载电流值。图 1－

7 中变压器铭牌所示的额定电流 I_{1N}/I_{2N} 分别为 28.27A/721.7A。

4. 额定容量 S_N

S_N 是指变压器的视在功率，表示变压器在额定条件下的最大输出功率。三相变压器的额定容量 $S_N = U_{2N}I_{2N}$。图 1－7 中变压器铭牌所示的额定容量为 500kVA。

5. 短路电压

短路电压又称为阻抗电压。它表示在额定电流时变压器阻抗压降的大小。通常用它与额定电压 U_{1N} 的百分比来表示。

6. 额定温升

额定温升是变压器在额定运行状态时允许超过周围环境温度的值。通常周围环境温度设为 40℃。

此外，变压器铭牌上还标有相数（3）、频率（50Hz）、额定效率（98.6%）、连接组别（Yyn0）等参数。

三、三相变压器一次侧绕组的连接

三相变压器一次侧、二次侧绕组根据不同需要，可以有星形和三角形两种接法。一次侧绕组星形接法用 Y 表示，三角形接法用 D 表示。二次侧绕组星形接法用 y 表示，有中线时用 yn 表示，三角形接法用 d 表示。三相变压器一次侧绕组和二次侧绕组的首端分别用 U1、V1、W1 和 u1、v1、w1 标记，末端分别用 U2、V2、W2 和 u2、v2、w2 标记。三相变压器一次侧绕组的连接形式如图 1－9 所示。

1. 星形接法

将三个绕组的末端连在一起，再将三个绕组的首端引出箱外，其接线如图 1－9（a）所示。

2. 三角形接法

将三个绕组的各相首尾相连构成一个闭合回路，把三个连接点接到电源上去，如图 1－9（b）、图 1－9（c）所示。因为首尾连接的顺序不同，可分为正相序［见图 1－9（b）］和反相序［见图 1－9（c）］两种接法。

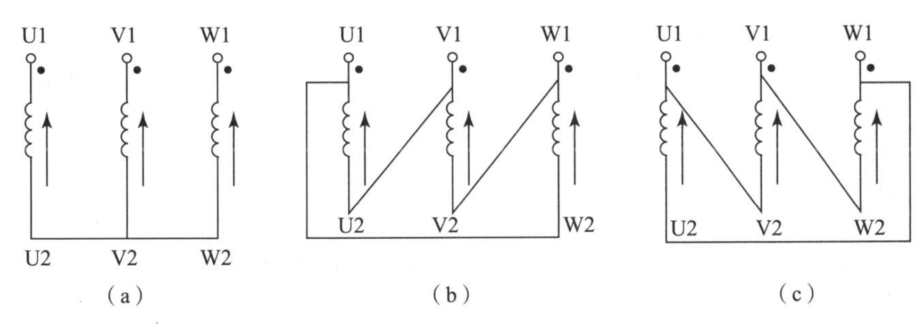

图 1－9　三相变压器一次侧绕组的连接

四、三相变压器的连接组别

三相变压器一次侧、二次侧绕组不同的接法，形成了不同的连接组别，也反映出不同的一次侧、二次侧线电压之间的相位关系。现以 Yyn0 连接组别的三相变压器为例，说明三相变压器连接组别的判断方法，如图 1-10 所示。

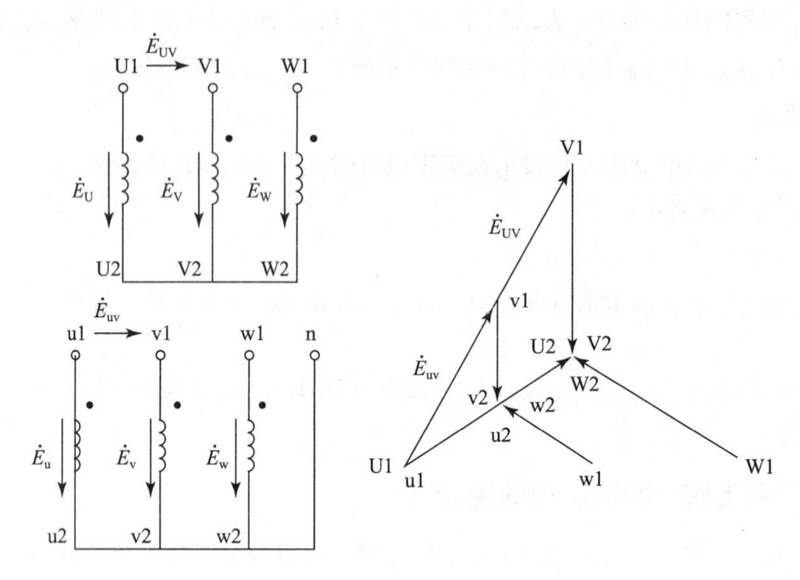

图 1-10　Yyn0 连接组别

在图 1-10 中，同一铁芯柱上的两个绕组，不管它们属于哪一相，只要两个首端是同名端，则相电动势同相位；若两个首端是异名端，则相电动势相位相反。

根据相电动势的这种关系及三相对称的原理，画出一次侧绕组和二次侧绕组各个相电动势相量以及对应的线电动势相量和。

Yyn0 表示高压侧为星形连接，低压侧为带中线的星形连接，高压侧与低压侧的线电压同相位。变压器输出为三相四线制，适用于同时有动力负载和照明负载的场合。

任务三　特种变压器的使用与维护

在交流供电系统中运行的是高电压和大电流，为了监视系统运行和记录用电量，需要测量电压和电流参数值。但如果直接使用电压表和电流表进行测量，不仅操作起来很危险，而且由于被测数值相差巨大，比如电流大小范围可从几安培到上万安培，所需要的仪表规格将很繁多。因此在实际生产中并不采取直接测量电压和电流的方法，而是通过互感器按一定比例降低为标准值后间接测量。

一、电流互感器

电流互感器属于仪用互感器的范畴，主要用来与仪表和继电器等低压电器组成二次回路，对一次回路进行测量、控制、调节和保护，主要用于电网中的大电流测量。

在结构上电流互感器与普通单相变压器相似，它也有铁芯和一次侧绕组、二次侧绕组，但它的一次侧绕组匝数只有一匝或几匝，导线横截面较大，串联在被测电路中。二次侧绕组匝数很多，导线横截面很小，与电流表串联构成闭合回路，电流互感器的外形和测量电路如图 1-11 所示。

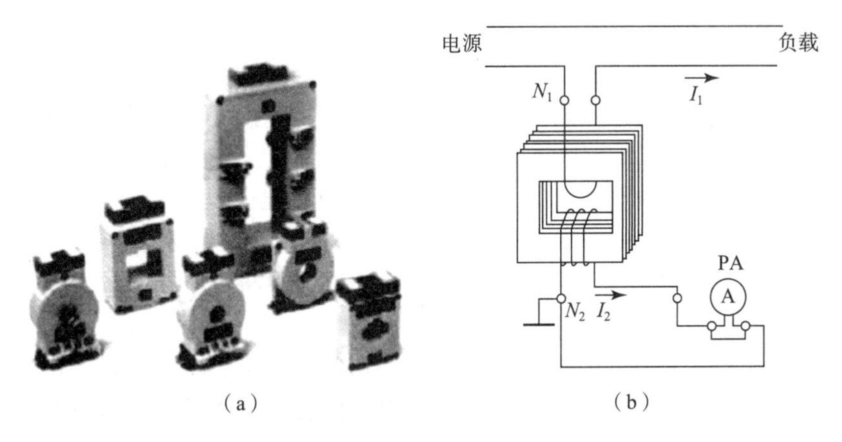

图 1－11　电流互感器测量电路

（a）外形图；（b）接线图

由变压器的工作原理可知，若电流互感器二次侧绕组的电流表读数为 I_2，则一次侧电路的被测电流 I_1 为

$$I_1 = \frac{1}{K} \cdot I_2 \tag{1-10}$$

在使用电流互感器时的注意事项如下：

（1）二次侧不允许开路，否则电流互感器处于空载运行状态，一次侧绕组通过的电流称为励磁电流，它使铁芯中的磁通和铁耗猛增，导致铁芯发热烧坏绕组；另外电流互感器产生很大的磁通，使二次侧绕组中感应出很高电压，危及人身安全或破坏绕组绝缘。

（2）二次侧绕组中装卸仪表时，必须先将二次侧绕组短路。

（3）二次侧必须可靠接地，以保证工作人员及设备的安全。

二、电压互感器

电压互感器属于仪用互感器的范畴，主要用于电网中大电压的测量。其结构和普通降压变压器一样，但它的变压比更准确。电压互感器的一次侧接高电压，二次侧接电压表，电压互感器的外形与测量电路如图 1－12 所示。

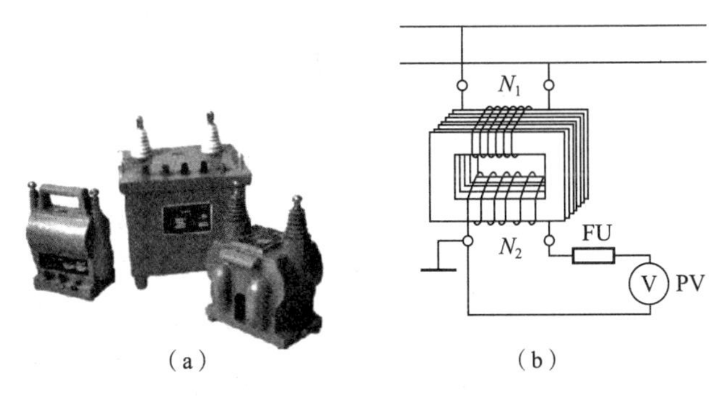

图 1－12　电压互感器测量电路

（a）外形图；（b）接线图

由变压器的工作原理可知，若电压互感器二次侧绕组的电压表读数为 U_2，则一次电路

的被测电压 U_1 为

$$U_1 = K \cdot U_2 \tag{1-11}$$

由此可知，电压互感器一次侧电压的数值等于二次侧电压表的读数乘以电压互感器的额定电压比 K。电压互感器二次侧所接的电压表刻度实际上已经被放大了 K 倍，按图 1-12 接线可以直接读出一次侧的被测数值。

在使用电压互感器时的注意事项如下：

（1）二次侧不允许短路，否则当二次侧绕组短路时，将产生很大的短路电流，导致电压互感器烧坏。

（2）电压互感器应具有一定的额定容量，使用时，二次侧不宜接过多的仪表，否则超过电压互感器的额定值，使电压互感器内部阻抗压降增大，影响测量的精确度。

（3）二次侧必须可靠接地，以保证工作人员及设备的安全。

三、自耦变压器

自耦变压器的“耦”是电磁耦合的意思，普通的变压器是通过原、副边线圈电磁耦合来传递能量，原、副边没有直接的电的联系，而自耦变压器的原、副边有直接的电的联系，它的低压线圈就是高压线圈的一部分，由于调节电压方便，其在实验、试验中被广泛使用。自耦变压器接线图如图 1-13 所示。

由变压器的工作原理可知，自耦变压器的电压比为：

$$K = \frac{U_1}{U_2} = \frac{N_1}{N_2} \tag{1-12}$$

由式（1-12）可知，只要改变自耦变压器的匝数 N_2，即可调节其输出电压的大小。

自耦变压器既可以实现升压也可以实现降压，当作为降压变压器使用时，从绕组中抽出一部分线匝作为二次绕组；当作为升压变压器使用时，外施电压只加在绕组的一部分线匝上。

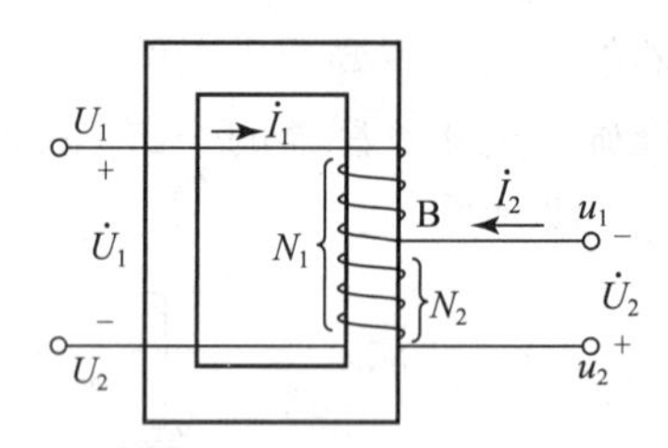

图 1-13　自耦变压器接线图

自耦变压器的特点如下：

（1）是单线圈变压器，一、二次侧共用一个绕组。

（2）是一、二次侧绕组既有磁耦合，又有电联系的变压器。

（3）二次侧功率部分通过磁耦合关系得到，一部分直接从电源得到。

（4）具有结构简单、节省用铜量、效率比一般变压器高等优点。

（5）缺点是一次侧、二次侧电路中有电的联系，可能发生把高电压引入低绕组的危险事故，很不安全，因此要求在使用时必须正确接线，且外壳必须接地。

【技能训练】

实验 1　单相变压器同名端的测定

一、实验目的

(1) 熟悉单相变压器同名端的概念;
(2) 掌握单相变压器同名端的测定方法;
(3) 熟悉浙江天煌教学仪器 DDSZ-1 型电机及电气技术实验装置的使用方法。

二、实验设备

序号	型号	名称	数量
1	DJ11	三相组式变压器	1 件
2	D31	直流数字电压、毫安、安培表	1 件
3	D33	数/模交流电压表	1 件

三、实验线路及原理

在任一瞬间，高压绕组的某一端的电位为正时，低压绕组也有一端的电位为正，这两个绕组间同极性的一端称为同名端。对于一台变压器其绕组已经经过浸漆处理，并且安装在封闭的铁壳内，因此无法辨认同名端，因此必须采用实验的方法判定同名端。

变压器同名端的测定方法有两种：直流测定法和交流测定法。

1. 直流测定法

变压器同名端直流测定法的原理如图 1-14 所示，其中 1、2 两点为变压器高压绕组侧 U1 和 U2 两点，3、4 两点为变压器低压绕组侧 u1 和 u2 两点。

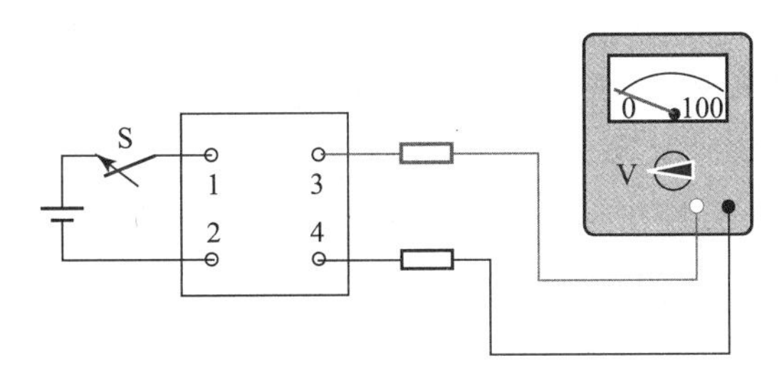

图 1-14　直流测定法的原理

将 1.5V 或 3V 的直流电源接在高压绕组 U1 和 U2 的两端，直流电压表接在低压绕组 u1 和 u2 的两端。在开关 S 闭合的瞬间，高压绕组侧和低压绕组侧分别产生感应电动势。

若电压表的指针向正方向摆动，则说明高压、低压绕组侧产生的感应电动势的方向相同，此时 U1 和 u1、U2 和 u2 是同名端。

若电压表的指针向反方向摆动，则说明高压、低压绕组侧产生的感应电动势的方向相反，此时 U1 和 u2、U2 和 u1 是同名端。

2. 交流测定法

变压器同名端交流测定法的原理如图 1-15 所示，其中 1、2 两点为变压器高压绕组侧 U1 和 U2 两点，3、4 两点为变压器低压绕组侧 u1 和 u2 两点。

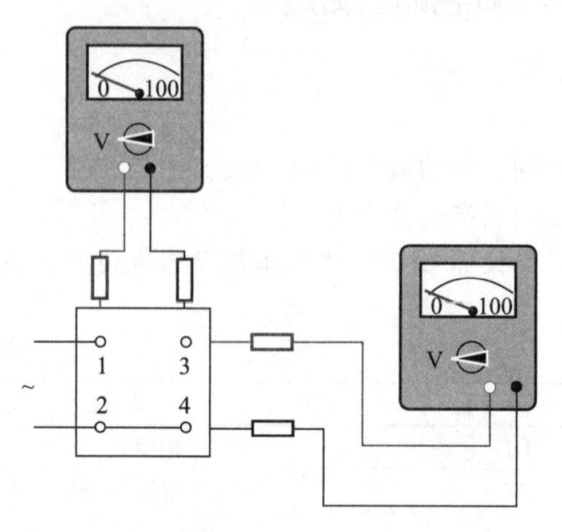

图 1-15 交流测定法的原理

图 1-15 中将变压器高、低压绕组侧各取一个接线端子连接在一起，如图 1-15 中的接线端子 2 和 4，并在一个绕组上（高压绕组侧）加上一个幅值较低的交流电压 U_{12}，再用交流电压表分别测出 U_{12}、U_{13}、U_{34}各端的电压值，如果测量结果为 $U_{13}=U_{12}-U_{34}$，则说明变压器高、低压侧绕组为反极性串联，因此接线端子 1 和 3 是同名端，即 U1 和 u1 是同名端。若测量结果为 $U_{13}=U_{12}+U_{34}$，则接线端子 1 和 4 是同名端，即 U1 和 u2 是同名端。

四、实验内容及步骤

1. 直流测定法

将电源控制屏的电源选择开关打到“励磁电压”侧，使输出线电压为 3V，用两根导线将 3V 直流电压接到 DJ11 组式变压器的 AX（12）端，将 ax（34）端外接一个的 D31 的直流电压表，按下电源屏上的“启动”按钮，观察直流电压表指针的摆动方向。

2. 交流测定法

将电源控制屏的电源选择开关打到“三相调压输出”侧，使输出交流电压可调，用两根导线将交流电压接到 DJ11 组式变压器的 AX（12）端，Xx（24）端用一根导线连接为一点，将 Aa（13）端和 Aa（34）端各外接一个 D33 的交流电压表，按下电源屏上的“启动”按钮，观察交流电压表的读数，并将数值记录于表 1-1 中。

表 1-1 交流测定法实验数据记录

U_{12}						
U_{34}						
U_{13}						
$U_{12}-U_{12}$						
$U_{12}+U_{12}$						

五、实验注意事项

（1）在交、直流测定法中注意电压表的合理选择。

（2）连线完毕进行通电实验。

实验2　单相变压器空载实验

一、实验目的

（1）通过变压器空载实验测定变压器的变比和损耗等参数；

（2）通过实验数据绘制空载特性曲线。

二、实验设备

序号	型号	名称	数量
1	D33	数/模交流电压表	1件
2	D32	数/模交流电流表	1件
3	D34－3	智能型功率、功率因数表	1件
4	DJ11	三相组式变压器	1件
5	D42	三相可调电阻器	1件
6	D43	三相可调电抗器	1件
7	D51	波形测试及开关板	1件

三、实验线路及原理

对变压器进行空载试验的目的是通过测量空载电流 I_0、一次侧电压 U_0、二次侧电压 U_{AX} 及空载功率 P_0 来计算变比 K、铁损 P_{Fe} 和励磁阻抗 Z_m，从而判断铁芯的质量和检查绕组是否具有匝间短路故障等。

一般情况下空载实验可以在变压器的任何一侧进行，通常是在变压器的低压侧加额定电源，高压侧开路，空载实验原理如图1－16所示。

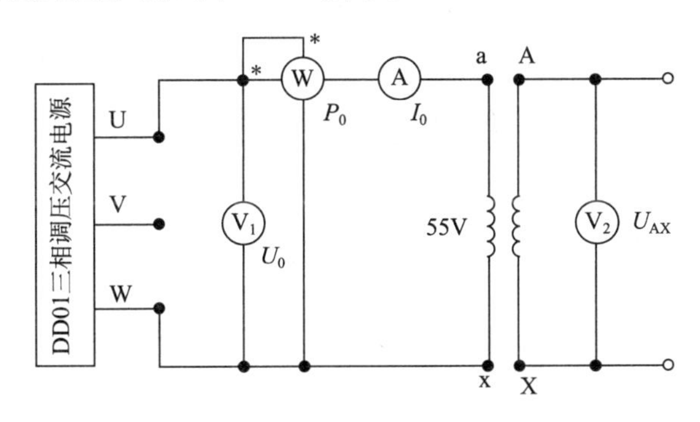

图1－16　变压器空载实验原理

1. 计算变比

由空载实验测变压器的原、副边电压的数据，分别计算出变比，然后取其平均值作为变

压器的变比 K。

$$K=\frac{U_0}{U_{AX}} \tag{1-13}$$

2. 绘出空载特性曲线

结合电压表、电流表、功率因数表的读数，绘制空载特性曲线，即 $U_0=f(I_0)$、$P_0=f(U_0)$、$\cos\phi_0=f(U_0)$，其中 $\cos\phi_0=\frac{P_0}{U_0I_0}$。

3. 计算变压器损耗

从空载特性曲线上查出对应于 $U_0=U_N$ 时的 I_0 和 P_0 值，并算出铜损及铁损等参数。

进行空载实验时，由于变压器没有输出功率，此时，空载功率 P_0 包含一次侧绕组的铜耗 $I_0^2R_1$ 和铁芯中的铁耗 $I_0^2R_m$ 两个部分。由于 $R_1 \ll R_m$，因此 $P_0 \approx P_{Fe}$。U_0、I_0 和 P_0 分别为变压器空载实验时电压表、电流表和功率表的测量值，有：

$$Z_m=\frac{U_0}{I_0} \tag{1-14}$$

$$R_m=\frac{P_0}{I_0^2} \tag{1-15}$$

$$X_m=\sqrt{Z_m^2-R_m^2} \tag{1-16}$$

式中，Z_m 为励磁阻抗，X_m 为励磁电抗，R_m 为励磁电阻。

四、实验内容及步骤

（1）在三相调压交流电源断电的条件下，按图 1－16 接线。被测变压器选用三相组式变压器 DJ11 中的一只作为单相变压器，其额定容量 $P_N=77\text{V}\cdot\text{A}$，$U_{1N}/U_{2N}=220\text{V}/55\text{V}$，$I_{1N}/I_{2N}=0.35\text{A}/1.4\text{A}$。变压器的低压线圈 a、x 接电源，高压线圈 A、X 开路。

（2）选好所有测量仪表量程。将控制屏左侧调压器旋钮向逆时针方向旋转到底，即将其调到输出电压为零的位置。

（3）合上交流电源总开关，按下“启动”按钮，便接通了三相交流电源。调节三相调压器旋钮，使变压器空载电压 $U_0=1.2U_N$，然后逐次降低电源电压，使其在 $1.2U_N\sim0.3U_N$ 范围内改变，分别测取变压器的 U_0、I_0 和 P_0。

（4）测取数据时，$U_0=U_N$ 点必须测，并在该点附近测取数值点较密，共测取数据 7～8 组。记录于表 1－2 中。

表 1－2　空载实验数据存放表

序号	实验数据				计算数据
	U_0/V	I_0/A	P_0/W	U_{AX}/V	$\cos\phi_0$

续表

序号	实验数据				计算数据
	U_0/V	I_0/A	P_0/W	U_{AX}/V	$\cos\phi_0$

五、注意事项

在变压器空载实验中，应注意电压表、电流表、功率表的合理布置及量程选择。

实验3　单相变压器短路实验

一、实验目的

（1）通过变压器短路实验测定变压器的变比和损耗等参数；
（2）通过实验数据绘制短路特性曲线。

二、实验设备

序号	型号	名称	数量
1	D33	数/模交流电压表	1件
2	D32	数/模交流电流表	1件
3	D34－3	智能型功率、功率因数表	1件
4	DJ11	三相组式变压器	1件
5	D42	三相可调电阻器	1件
6	D43	三相可调电抗器	1件
7	D51	波形测试及开关板	1件

三、实验线路及原理

通过测量短路电流 I_K、短路电压 U_K 及短路功率 P_K 来计算变压器的铜损 P_{Cu} 和短路阻抗 Z_K。

进行短路实验时将变压器的低压侧绕组短路，高压侧加入适当的电压，实验原理图如图1－17所示，并按图示方式接入有关测量电表。

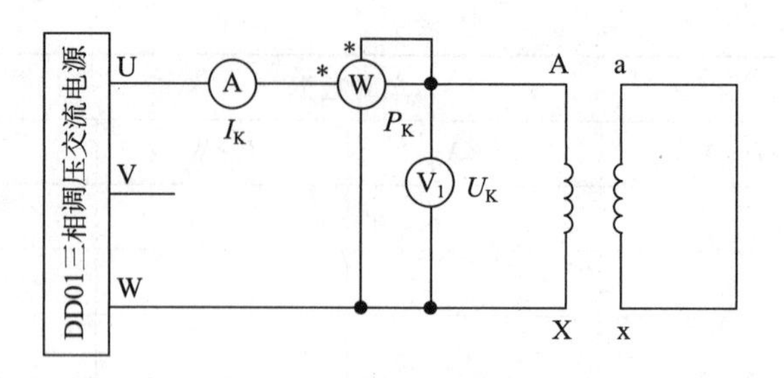

图1-17　变压器短路实验原理

1. 绘出短路特性曲线

结合电压表、电流表、功率因数表的读数，绘制空载特性曲线，即 $U_K=f(I_K)$、$P_K=f(I_K)$、$\cos\Phi_K=f(I_K)$，其中 $\cos\Phi_K=\dfrac{P_K}{U_K I_K}$。

2. 计算短路参数

短路试验时外加电压比较低，变压器铁芯中的磁通很小，所以磁滞损耗和涡流损耗也很小，可以忽略不计。此时，可认为短路损耗即一、二次侧绕组上的铜耗，即 $P_K \approx P_{Cu}$。

从短路特性曲线上查出对应于短路电流 $I_K=I_N$ 时的 U_K 和 P_K 值，由下式算出实验环境温度为 θ（℃）时的短路参数。

$$Z'_K=\frac{U_K}{I_K} \tag{1-17}$$

$$r'_K=\frac{P_K}{I_K^2} \tag{1-18}$$

$$X'_K=\sqrt{Z_K'^2-R_K'^2} \tag{1-19}$$

式中，Z'_K 为变压器阻抗，X'_K 为变压器电抗，r'_K 为短路电阻，其中 r'_K 随温度变化。

由于短路实验一般是在室温下进行的，因此，测量所得到的短路电阻应按国家标准换算到基准工作温度75℃时的阻值。

$$r_{K(75℃)}=r'_K\frac{228+75}{228+\theta} \tag{1-20}$$

$$r_{K(75℃)}=r'_K\frac{234.5+75}{234.5+\theta} \tag{1-21}$$

式中，当绕组为铜导线时计算公式采用式（1-21），当绕组为铝导线时计算公式采用式（1-20）。θ 为实验室的温度。

四、实验内容及步骤

（1）按下控制屏上的“停止”按钮，切断三相调压交流电源，按图1-17接线（以后每次改接线路，都要关断电源）。将变压器的高压线圈接电源，低压线圈直接短路。

（2）选好所有测量仪表量程，将交流调压器旋钮调到输出电压为零的位置。

（3）接通交流电源，逐次缓慢增加输入电压，直到短路电流等于额定电流的1.1倍为止，分别测量出相应电流下的短路电压 U_K 和短路功率 P_K。由于短路实验时外加电压比较低，变压器铁芯中的磁通很小，所以磁滞损耗和涡流损耗也很小，可以忽略不计。此时，可以认为短路损耗即一、二次侧绕组上的铜耗，即 $P_K = P_{Cu}$，$Z_K = \frac{U_s}{I_s}$。

（4）测取数据。

测取数据时，$I_K = I_N$ 点必须测，共测取数据 6 ~ 7 组，记录于表 1 - 3 中。实验时记下周围环境温度（℃）。

表 1 - 3　短路实验数据存放表

室温____℃

序号	实验数据			计算数据
	U_k/V	I_k/A	P_k/W	$\cos\phi_k$

五、注意事项

在变压器短路实验中，应注意电压表、电流表、功率表的合理布置及量程选择。

实验 4　单相变压器负载实验

一、实验目的

（1）通过负载实验测取变压器的运行特性；

（2）通过负载实验测取变压器的电压变化率。

二、实验设备

序号	型号	名称	数量
1	D33	数/模交流电压表	1 件
2	D32	数/模交流电流表	1 件
3	D34 - 3	智能型功率、功率因数表	1 件
4	DJ11	三相组式变压器	1 件
5	D42	三相可调电阻器	1 件
6	D43	三相可调电抗器	1 件
7	D51	波形测试及开关板	1 件

三、实验线路及原理

变压器负载实验原理如图 1－18 所示。

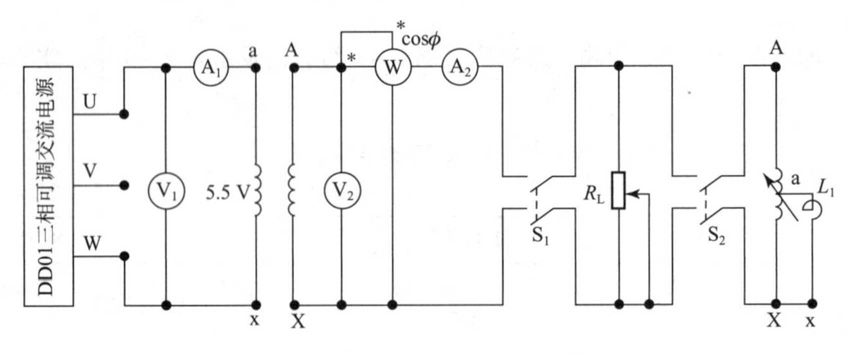

图 1－18 变压器负载实验原理

在工作中变压器的电压变化率 Δu 的取得有两种方式：

（1）绘出 $\cos\phi_2=1$ 和 $\cos\phi_2=0.8$ 两条外特性曲线 $U_2=f(I_2)$，由特性曲线计算出 $I_2=I_{2N}$时的电压变化率：

$$\Delta u=\frac{U_{20}-U_2}{U_{20}}\times 100\% \tag{1-22}$$

（2）根据实验求出的参数，算出 $I_2=I_{2N}$、$\cos\phi_2=1$ 和 $\cos\phi_2=0.8$ 时的电压变化率 Δu。

$$\Delta u=u_{Kr}\cos\phi_2+u_{KX}\sin\phi_2 \tag{1-23}$$

其中

$$u_{Kr}=\frac{I_N r_{K75℃}}{U_N}\times 100\% \tag{1-24}$$

$$u_{KX}=\frac{I_N X_K}{U_N}\times 100\% \tag{1-25}$$

式中，u_{Kr}和 u_{KX}是短路（阻抗）电压百分数。

将两种计算结果进行比较，并分析不同性质的负载对变压器输出电压 U_2 的影响。

四、实验内容及步骤

实验线路如图 1－18 所示。变压器低压线圈接电源，高压线圈经过开关 S_1 和 S_2，接到负载电阻 R_L 和电抗 X_L 上。R_L 选用 D42 挂件中的 4 个 900Ω 变阻器相串联，即 $R_L=3600\Omega$，X_L 选用 D43 挂件中的可调电抗器，功率因数表在挂件 D34－3 上，S_1 和 S_2 选用 D51 挂箱中的开关。

1. 纯电阻负载

（1）将调压器旋钮调到输出电压为零的位置，S_1、S_2 打开，将负载电阻值调到最大。

（2）接通交流电源，逐渐升高电源电压，使变压器输入电压 $U_1=U_N$。

（3）保持 $U_1=U_N$，合上 S_1，逐渐增加负载电流，即减小负载电阻 R_L 的值，从空载到额定负载的范围内，测取变压器的输出电压 U_2 和电流 I_2。

（4）测取数据时，$I_2=0$ 和 $I_2=I_{2N}=0.35\text{A}$ 两点必测，共取数据 6～7 组，记录于表 1－4 中。

表 1-4　负载实验数据存放表（1）　$\cos\phi_2=1$，$U_1=U_N=$____ V

序号							
U_2/V							
I_2/A							

2. 阻感性负载

（1）用电抗 X_L 和 R_L 并联作为变压器的负载，S_1、S_2 打开，将电阻及电抗值调至最大。

（2）接通交流电源，升高电源电压至 $U_1=U_N$，且保持不变。

（3）合上 S_1、S_2，在保持 $U_1=U_N$ 及 $\cos\phi_2=0.8$ 条件下，逐渐增加负载电流，从空载到额定负载的范围内，测取变压器 U_2 和 I_2。

（4）测取数据时，其 $I_2=0$，$I_2=I_{2N}$ 两点必测，共测取数据 6~7 组，记录于表 1-5 中。

表 1-5　负载实验数据存放表（2）$\cos\phi_2=0.8$　$U_1=U_N=$____ V

序号							
U_2/V							
I_2/A							

五、注意事项

（1）在实验中，应注意电压表、电流表、功率表的合理布置及量程选择。

（2）在实验中要注意通电的安全。

实验 5　三相变压器实验

一、实验目的

（1）通过空载实验，测定三相变压器的变比；

（2）通过空载和短路实验，测定三相变压器的参数。

二、实验设备

序号	型号	名称	数量
1	D33	数/模交流电压表	1 件
2	D32	数/模交流电流表	1 件
3	D34-3	智能型功率、功率因数表	1 件
4	DJ12	三相芯式变压器	1 件
5	D42	三相可调电阻器	1 件
6	D51	波形测试及开关板	1 件

三、实验线路及原理

1. 测定变比

变比是变压器原边与副边的电压比值，实验接线如图 1－19 所示。

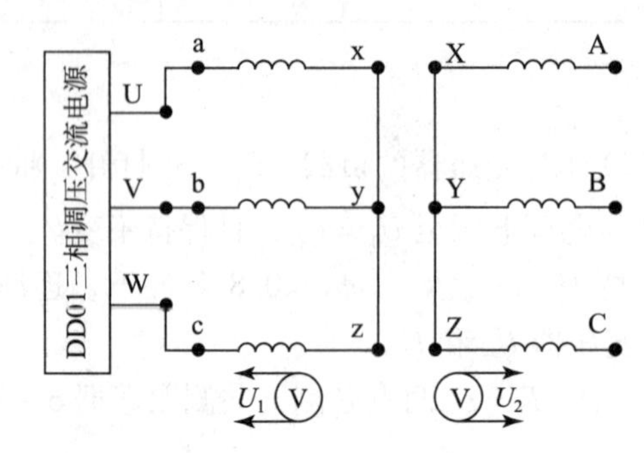

图 1－19　三相变压器变比实验接线

根据实验数据，计算各线电压之比，然后取其平均值作为变压器的变比。

$$K_{AB}=\frac{U_{AB}}{U_{ab}} \tag{1-26}$$

$$K_{BC}=\frac{U_{BC}}{U_{bc}} \tag{1-27}$$

$$K_{CA}=\frac{U_{CA}}{U_{ca}} \tag{1-28}$$

2. 空载实验

从理论上讲，空载实验既可以在高压侧测量（低压侧开路），也可以在低压侧测量（高压侧开路）。但在实际实验中，考虑到操作的安全方便，经常选择在低压侧测量，最后将计算出的励磁阻抗折算到高压侧即可。三相变压器空载实验接线如图 1－20 所示，由于变压器空载时的功率因数很低，故测量时应选择低功率因数表。

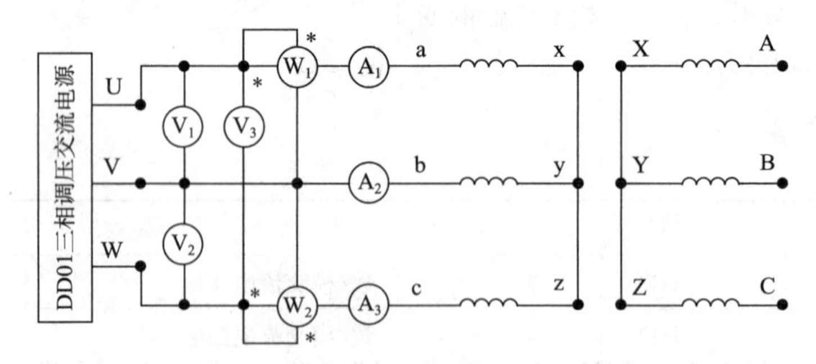

图 1－20　三相变压器空载实验接线

（1）绘出空载特性曲线 $U_{0L}=f(I_{0L})$，$P_0=f(U_{0L})$，$\cos\phi_0=f(U_{0L})$，其中

$$U_{0L}=\frac{U_{ab}+U_{bc}+U_{ca}}{3} \tag{1-29}$$

$$I_{0L}=\frac{I_a+I_b+I_c}{3} \tag{1-30}$$

$$P_0=P_{01}+P_{02} \tag{1-31}$$

$$\cos\phi_0=\frac{P_0}{\sqrt{3}U_{0L}I_{0L}} \tag{1-32}$$

（2）计算激磁参数。

从空载特性曲线查出对应于 $U_{0L}=U_N$ 时的 I_{0L} 和 P_0 值，并由下式求取激磁参数：

$$r_m=\frac{P_0}{3I_{0\phi}^2} \tag{1-33}$$

$$Z_m=\frac{U_{0\phi}}{I_{0\phi}}=\frac{U_{0L}}{\sqrt{3}I_{0L}} \tag{1-34}$$

$$X_m=\sqrt{Z_m^2-r_m^2} \tag{1-35}$$

式中，$U_{0\phi}=\frac{U_{0L}}{\sqrt{3}}$，$I_{0\phi}=I_{0L}$，$P_0$ 为三相变压器的空载功率。

3. 短路实验

短路实验时将变压器的低压侧绕组短路，在高压侧加入适当的电压，实验原理如图 1－21 所示，并按图示方式接入有关测量电表。

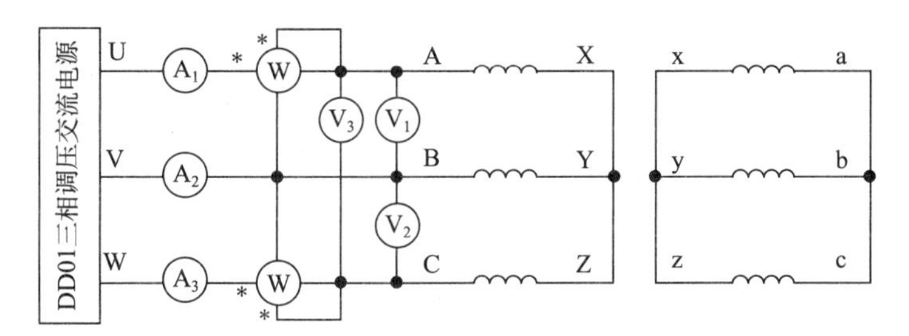

图 1－21　三相变压器短路实验原理

（1）绘出短路特性曲线 $U_{KL}=f(I_{KL})$，$P_K=f(I_{KL})$，$\cos\phi_K=f(I_{KL})$，其中

$$U_{KL}=\frac{U_{AB}+U_{BC}+U_{CA}}{3} \tag{1-36}$$

$$I_{KL}=\frac{I_{AK}+I_{BK}+I_{CK}}{3} \tag{1-37}$$

$$P_K=P_{K1}+P_{K2} \tag{1-38}$$

$$\cos\phi_K=\frac{P_K}{\sqrt{3}U_{KL}I_{KL}} \tag{1-39}$$

（2）计算短路参数。

从短路特性曲线查出对应于 $I_{KL}=I_N$ 的 U_{KL} 和 P_K 值，并由下式算出实验环境温度为 θ℃时的短路参数：

$$r'_K=\frac{P_K}{3I_{K\phi}^2} \tag{1-40}$$

$$Z'_K = \frac{U_{K\phi}}{I_{K\phi}} = \frac{U_{KL}}{\sqrt{3}I_{KL}} \tag{1-41}$$

$$X'_K = \sqrt{Z'^2_K - r'^2_K} \tag{1-42}$$

式中，$U_{K\phi} = \frac{U_{KL}}{\sqrt{3}}$，$I_{K\phi} = I_{KL} = I_N$，$P_K$ 为短路功率。

换算到基准工作温度下的短路参数 $r_{K(75℃)}$ 和 $Z_{K(75℃)}$，计算短路电压百分数：

$$u_K = \frac{I_{N\phi} Z_{K(75℃)}}{U_{N\phi}} \times 100\% \tag{1-43}$$

$$u_{Kr} = \frac{I_N r_{K(75℃)}}{U_{N\phi}} \times 100\% \tag{1-44}$$

$$u_{KX} = \frac{I_N X_K}{U_{N\phi}} \times 100\% \tag{1-45}$$

计算 $I_{KL} = I_N$ 时的短路损耗 $P_{KN} = 3I^2_{N\phi} r_{K(75℃)}$。

四、实验内容及步骤

1. 测定变比

实验线路如图 1－19 所示，被测变压器选用 DJ12 三相三线圈心式变压器。实验时只用高、低压两组线圈，低压线圈接电源，高压线圈开路。将三相交流电源调到输出电压为零的位置。开启控制屏上的钥匙开关，按下“启动”按钮，电源接通后，调节外施电压 $U = 0.5U_N = 27.5V$，测取高、低压线圈的线电压 U_{AB}、U_{BC}、U_{CA}、U_{ab}、U_{bc}、U_{ca}，记录于表 1－6 中。

表 1－6　三相变压器实验数据存放表（1）

高压绕组线电压/V		低压绕组线电压/V		变比/K	
U_{AB}		U_{ab}		K_{AB}	
U_{BC}		U_{bc}		K_{BC}	
U_{CA}		U_{ca}		K_{CA}	

计算变比 K：$K_{AB} = \frac{U_{AB}}{U_{ab}}$、$K_{BC} = \frac{U_{BC}}{U_{bc}}$、$K_{CA} = \frac{U_{CA}}{U_{ca}}$

计算平均变比：$K = \frac{1}{3}(K_{AB} + K_{BC} + K_{CA})$

2. 空载实验

（1）将控制屏左侧三相交流电源的调压旋钮逆时针旋转到底，使输出电压为零，按下“停止”按钮，在断电的条件下，按图 1－20 接线。变压器低压线圈接电源，高压线圈开路。

（2）按下“启动”按钮，接通三相交流电源，调节电压，使变压器的空载电压 $U_{0L} = 1.2U_N$。

（3）逐次降低电源电压，在 $(1.2 \sim 0.2)U_N$ 范围内，测取变压器三相线电压、线电流和功率。

（4）测取数据时，其中 $U_0 = U_N$ 的点必测，且在其附近多测几组。共取数据 8～9 组，记录于表1-7中。

表1-7　三相变压器实验数据存放表（2）

序号	实验数据								计算数据			
	U_{0L}/V			I_{0L}/A			P_0/W		U_{0L}/V	I_{0L}/A	P_0/W	$\cos\Phi_0$
	U_{ab}	U_{bc}	U_{ca}	I_{a0}	I_{b0}	I_{c0}	P_{01}	P_{02}				
1												
2												
3												
4												
5												
6												
7												
8												
9												

3. 短路实验

（1）将控制屏左侧的调压旋钮逆时针方向旋转到底，使三相交流电源的输出电压为零值。按下“停止”按钮，在断电的条件下，按图1-21接线。变压器高压线圈接电源，低压线圈直接短路。

（2）按下“启动”按钮，接通三相交流电源，缓慢增大电源电压，使变压器的短路电流$I_{KL}=1.1I_N$。

（3）逐次降低电源电压，在（1.1～0.3）I_N的范围内，测取变压器的三相输入电压、电流及功率。

（4）测取数据时，其中$I_{KL}=I_N$点必测，共取数据5～6组，记录于表1-8中。实验时记下周围环境温度（℃），作为线圈的实际温度。

表1-8　三相变压器实验数据存放表（3）　　　　室温____℃

序号	实验数据								计算数据			
	U_{KL}/V			I_{KL}/A			P_K/W		U_{KL}/V	I_{KL}/A	P_K/W	$\cos\Phi_K$
	U_{AB}	U_{BC}	U_{CA}	I_{AK}	I_{BK}	I_{CK}	P_{K1}	P_{K2}				

五、注意事项

在三相变压器实验中，应注意电压表、电流表和功率表的合理布置。做短路实验时操作要快，否则线圈发热会引起电阻变化。

变压器常见故障及维护

1. 电源接通后无电压输出

产生故障的原因：(1) 一次侧绕组断路或引出线脱焊；(2) 二次侧绕组断路或引出线脱焊。

排除故障的方法：(1) 拆换修理一次侧绕组或焊牢引出线接头；(2) 拆换修理二次侧绕组或焊牢引出线接头。

2. 温升过高或冒烟

产生故障的原因：(1) 绕组匝间短路或一、二次侧绕组间短路；(2) 绕组匝间或层间绝缘老化；(3) 铁芯硅钢片间绝缘太差；(4) 铁芯叠厚不足；(5) 负载过重。

排除故障的方法：(1) 拆换绕组或修理短路部分；(2) 重新绝缘或更换导线重绕；(3) 拆下铁芯，对硅钢片重新涂绝缘漆；(4) 加厚铁芯或重做骨架、重绕绕组；(5) 减轻负载。

3. 空载电流偏大

产生故障的原因：(1) 一、二次侧绕组匝数不足；(2) 一、二次侧绕组局部匝间短路；(3) 铁芯叠厚不足；(4) 铁芯质量太差。

排除故障的方法：(1) 增加一、二次侧绕组匝数；(2) 拆开绕组，修理局部短路部分；(3) 加厚铁芯或重做骨架、重绕绕组；(4) 更换或加厚铁芯。

4. 运行中噪声过大

产生故障的原因：(1) 铁芯硅钢片未插紧或未压紧；(2) 铁芯硅钢片不符合设计要求；(3) 负载过重或电源电压过高；(4) 绕组短路.

排除故障的方法：(1) 插紧铁芯硅钢片或压紧铁芯；(2) 更换质量较高的同规格硅钢片；(3) 减轻负载或降低电源电压；(4) 查找短路部位，进行修复。

5. 二次侧电压下降

产生故障的原因：(1) 电源电压过低或负载过重；(2) 二次侧绕组匝间短路或对地短路；(3) 绕组对地绝缘老化；(4) 绕组受潮。

排除故障的方法：(1) 增加电源电压，使其达到额定值或降低负载；(2) 查找短路部位，进行修复；(3) 重新绝缘或更换绕组；(4) 对绕组进行干燥处理。

6. 铁芯或底板带电

产生故障的原因：(1) 一、二次侧绕组对地短路或一、二次侧绕组匝间短路；(2) 绕组对地绝缘老化；(3) 引出线头碰触铁芯或底板；(4) 绕组受潮或底板感应带电。

排除故障的方法：（1）加强对地绝缘或拆换修理绕组；（2）重新绝缘或更换绕组；（3）排除引出线头与铁芯或底板的短路点；（4）对绕组进行干燥处理或将变压器置于环境干燥的场合使用。

【思考与练习一】

1. 变压器有哪些主要部件？它们的功能分别是什么？

2. 变压器铁芯的作用是什么？

3. 变压器是如何实现变压的？变压器能改变电压，改变频率吗？

4. 变压器的空载运行与负载运行的区别是什么？

5. 如图1－22所示，一个理想变压器原、副线圈的匝数比为$N_1:N_2=3:1$，有4只相同的灯泡连入电路中，若灯泡L_2、L_3、L_4均能正常发光，则灯泡L_1（　　）

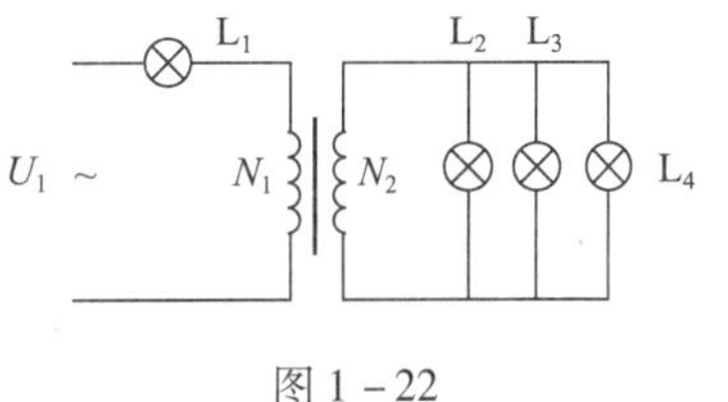

图1－22

A. 也能正常发光

B. 较另三个灯暗些

C. 将会烧坏

D. 不能确定

6. 一理想变压器，原线圈匝数$N_1=1\ 100$，接在电压220V的交流电源上，当它对11只并联的“36V，60W”的灯泡供电时，灯泡正常发光。求副线圈的匝数以及原线圈的电流。

7. 三相变压器绕组的连接方法有哪几种？如何判定三相变压器绕组的联结组别？常用的联结组别有哪些？

8. 电压互感器的作用是什么？使用电压互感器时应该注意哪些事项？

9. 电流互感器的作用是什么？使用电流互感器时应该注意哪些事项？

10. 试叙述自耦变压器的工作原理。

11. 什么是变压器的同名端？变压器同名端的测定方法有哪些？

12. 变压器的空载试验一般在哪一侧进行？将电源电压分别加在低压侧和高压侧，所测得的空载电流、空载功率和励磁电阻是否相等？

13. 变压器的短路实验一般在哪一侧进行？将电源电压分别加在低压侧或高压侧，所测得的短路电压、短路功率和计算出的短路阻抗是否相等？

项目二　直流电机的认识与拆装

【学习目标】

（1）了解直流电机的基本组成结构；

（2）熟悉直流电机的铭牌数据及其含义；

（3）了解直流电机的工作原理及其运行特性；

（4）掌握直流电机的控制方式。

【技能目标】

（1）能够按照相关行业及国家规范与标准对直流电机进行拆装；

（2）能够利用浙江天煌教学仪器 DDSZ－1 型电机及电气技术实验装置进行直流电机的控制实验。

【相关知识点】

子项目一　初识直流电机

任务一　直流电机的结构与铭牌

直流电机在工农业生产中被广泛采用，如电动自行车、电动叉车、电动汽车、电动牵引车、电动玩具及电动工具等。了解和掌握直流电机的结构和工作原理是非常重要的。

一、直流电机的结构

直流电机是直流发电机和直流电动机的总称。直流电机是可逆的，即一台直流电机既可作为发电机运行，又可作为电动机运行。当用作发电机时，其将机械能转换为电能；当用作电动机时，其将电能转换为机械能。

直流电机主要由定子和转子（电枢）两大部分构成，其结构如图 1－23 所示。

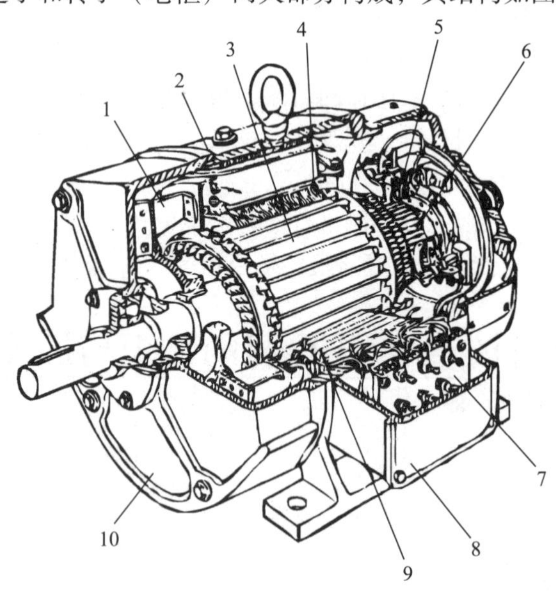

图 1－23　直流电机的结构

1—风扇；2—机座；3—电枢；4—主磁极；5—刷架；6—换向器；7—接线板；8—出线盒；9—换向极；10—端盖

1. 定子部分

定子的主要作用是产生主磁场并作为机械支撑，它主要由主磁极、换向（磁）极、机座和电刷装置组成。图 1－24 所示为定子的结构剖面图。

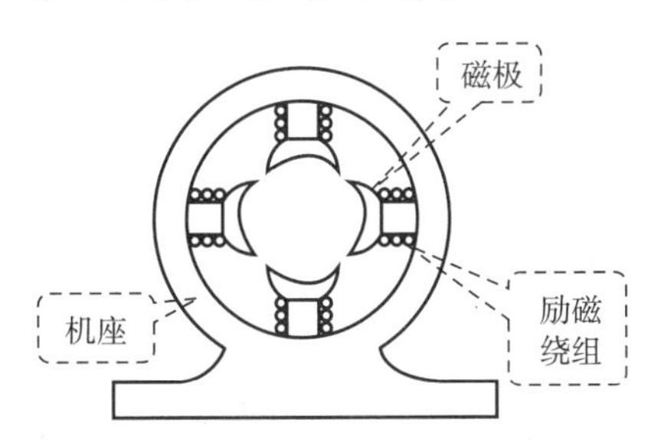

图 1－24　直流电机定子的结构剖面图

1）主磁极

主磁极是一种电磁铁，它的主要作用是产生恒定的磁场。图 1－25 所示是主磁极的装配图。主磁极的铁芯用 1～1.5mm 厚的低碳钢板冲片叠压紧固而成。把事先绕制好的励磁绕组套在主极铁芯外面，整个主磁极再用螺钉固定在机座的内表面。各主磁极上的励磁绕组连接必须使通过励磁电流时，相邻磁极的极性呈 N 极和 S 极交替的排列，为了让气隙磁密沿电枢圆周方向的气隙空间里分布得更加合理一些，铁芯下部（称为极靴）比套绕组的部分（称为极身）宽。这样也可使励磁绕组牢固地套在铁芯上。

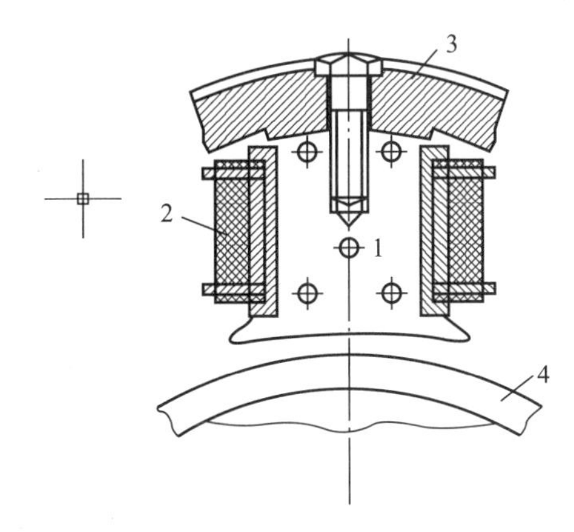

图 1－25　直流电机的主磁极的装配图

1—主极铁芯；2—励磁绕组；3—机座；4—电枢

2）换向极

换向极又称附加极或间极，其作用是改善直流电机的换向性能，消除直流电机带负载时换向器产生的有害火花。换向极是由铁芯和套在铁芯上的换向极绕组组成的。铁芯常用整块钢板或厚钢板制成，换向极绕组与电枢绕组串联。换向极的数目一般与主磁极的数目相同，只有小功率的直流电机不装换向极或装设只有主磁极数目一半的换向极。

3）机座

机座是直流电机的外壳，一方面用来固定主磁极、换向极和端盖等，另一方面也是电机磁路的一部分，这部分磁路称为定子磁轭。为了保证良好的机械强度和导磁性能，机座一般采用铸钢制造或用厚钢板卷制焊接而成。

4）电刷装置

电刷装置的作用是固定电刷，并使电刷与旋转的换向器保持滑动接触，将转子绕组与外电路接通，使电流经电刷输入转子或从转子输出。电刷装置由电刷、刷握、压紧弹簧以及汇流条等构成。

2. 转子部分

转子的作用是产生感应电动势和电磁转矩，它主要由转子铁芯、转子绕组、换向器、转轴和风扇组成。图 1－26 所示为转子的结构。

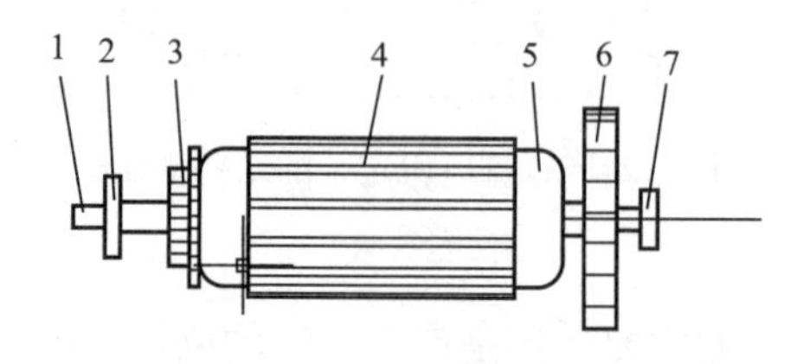

图 1－26　转子的结构

1—转轴；2—轴承；3—换向器；4—电枢铁芯；5—电枢绕组；6—风扇；7—轴承

1）电枢铁芯

电枢铁芯作用有两个，一个是作为主磁路的主要部分；另一个是嵌放电枢绕组。通常用 0. 35 ~0. 5mm 厚的涂有绝缘漆的硅钢片的冲片叠压而成，固定在转轴上。

2）电枢绕组

电枢绕组是由许多按一定规律排列和连接的线圈组成的，它是直流电机的主要电路部分，是通过电流和感应产生电动势以实现机电能量转换的关键性部件，感应电动势、电流和电磁转矩的产生，机械能和电能的相互转换都在这里进行。

3）换向器

换向器也是直流电机的重要部件。在直流发电机中，它的作用是将绕组内的交变电动势转换为电刷端上的直流电动势；在直流电动机中，它将电刷上所通过的直流电流转换为绕组内的交变电流。换向器由多个相互绝缘的换向片组成，换向片之间用云母绝缘。

二、直流电机的励磁方式与铭牌

1. 直流电机的励磁方式

直流电机的励磁方式是指励磁绕组中励磁电流的获得方式。直流电机的运行特性与它的励磁方式有很大的关系。直流电机的励磁方式可以分为他励、并励、串励和复励。复励又可分为积复励和差复励。直流电机的励磁方式如图 1－27 所示，图中 I_f 为励磁电流，I_a 为电枢电流。

1）他励直流电机

他励直流电机的励磁电源和电枢电源分别为独立电源，这两个电源的电压可以相同也可以不同。他励直流电机的励磁电流与电枢电流无关，不受电枢回路的影响。他励直流电机的机械特性较硬，适用于精密加工的直流电动机拖动系统。

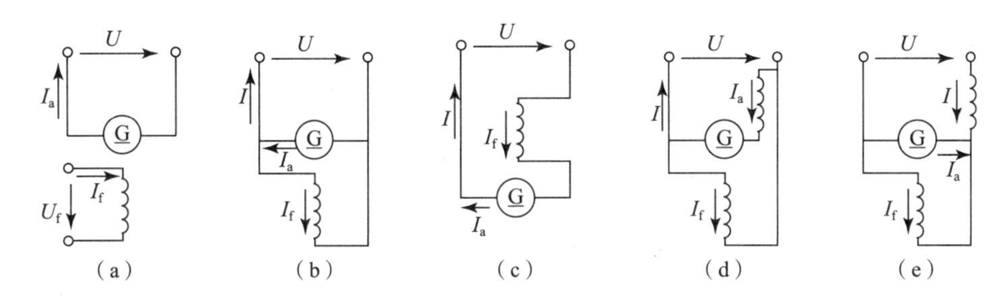

图 1－27　直流电机的励磁方式

（a）他励；（b）并励；（c）串励；（d）积复励；（e）差复励

2）并励直流电机

并励直流电机的励磁电源与电枢电源由同一电源供电，与他励方式相比，其可节省一个直流电源。并励直流电机的机械特性基本上与他励直流电机相同，机械特性较硬，一般用于恒压拖动系统。中小型直流电动机多采用并励方式。

3）串励直流电机

串励直流电机的励磁绕组与电枢绕组串联后，再接于直流电源。为了减小励磁绕组的电压降和铜耗，励磁绕组通常用截面积较大的导线绕成，且匝数较少。串励直流电机的机械特性较软，主要应用于电动车辆的驱动。

4）复励直流电机

复励直流电机有两个励磁绕组，即并励绕组和串励绕组。若串励绕组产生的磁通势与并励绕组产生的磁通势方向相同，则称为积复励；若两个磁通势方向相反，则称为差复励。

积复励直流电机具有较大的起动转矩，机械特性较软，介于并励直流电机与串励直流电机之间。它多用于起动转矩要求较大，转速变化不大的场合。

差复励直流电机的起动转矩小，机械特性较硬，一般用于起动转矩要求较小的小型恒压拖动系统中。

2. 直流电机的铭牌

每台直流电机的机座表面上都有一块铭牌，上面标注了电机的额定参数，它是正确选择和合理使用电机的依据。某直流电机的铭牌数据见表 1－9。

表 1－9　某直流电机的铭牌数据

直流电机			
型号	Z3－95	产品编号	7009
结构类型	—	励磁方式	他励
功率	30kW	励磁电压	220V
电压	220V	工作方式	连续
电流	160. 5A	绝缘等级	定子 B 转子 B
转速	750r/min	重量	685kg
标准编号	JB1104－68	出厂日期	年　月

1）型号

如型号 Z3－95 的含义为："Z" 表示一般用途的直流电机，"3" 表示第三次改型设计，数字 "9" 代表机座号，"5" 表示铁芯长度。

2）额定功率

额定功率指电机在额定运行状态时的输出功率，对发电机来说是指线端输出的电功率，等于额定电压与额定电流的乘积，即 $P_N = U_N I_N$；对电动机来说是指其轴上输出的机械功率，等于额定电压与额定电流之积再乘以额定效率，即 $P_N = \eta_N U_N I_N$。额定功率的单位为 W 或 kW。

3）额定电压

额定电压用 U_N 表示，指在额定运行状态下，直流发电机的输出电压或直流电动机的输入电压，单位为 V。

4）额定电流

额定电流用 I_N 表示，是指额定负载时允许电机长期输入（电动状态）或输出（发电状态）的电流，单位为 A。

5）额定转速

额定转速用 n_N 表示，是指电机在额定电压和额定负载时的旋转速度，单位为 r/min。

直流电机运行时，若各个物理量都与它的额定值一样，就称为额定运行状态或额定工况。在额定状态下，直电机能可靠地工作，并具有良好的性能。但实际应用中，直流电机不总是运行在额定状态。如果流过直流电机的电流小于额定电流，称为欠载运行；超过额定电流，称为过载运行。长期过载或欠载运行都不好。长期过载运行有可能因过热而损坏电机；长期欠载运行，电机没有得到充分利用，效率降低，不经济。为此选择电机时，应根据负载的要求，尽量让电机工作在额定状态。

[例 1－2] 一台直流发电机的铭牌数据如下：$P_N = 200\text{kW}$，$U_N = 230\text{V}$，$n_N = 1\ 450\text{r/min}$，$\eta_N = 90\%$，求该发电机的额定电流和输入功率各为多少。

解：

$$P_N = U_N I_N$$

$$I_N = \frac{P_N}{U_N} = \frac{200 \times 10^3}{230}\ (\text{A}) = 869.6\ (\text{A})$$

$$P_1 = \frac{P_N}{\eta_N} = \frac{200}{0.9}\ (\text{kW}) = 222.2\ (\text{kW})$$

[例 1－3] 一台直流电动机的铭牌数据如下：$P_N = 160\text{kW}$，$U_N = 220\text{V}$，$n_N = 1\ 500\text{r/min}$，$\eta_N = 90\%$，求该发电机的额定电流和输入功率各为多少。

解：

$$P_N = \eta_N U_N I_N$$

$$I_N = \frac{P_N}{\eta_N U_N} = \frac{160 \times 10^3}{0.9 \times 220}\ (\text{A}) = 808\ (\text{A})$$

$$P_1 = \frac{P_N}{\eta_N} = \frac{160}{0.9}\ (\text{kW}) = 177.8\ (\text{kW})$$

任务二　直流电机的工作原理

直流电机的工作原理是基于电磁感应定律和电磁定律。直流电机是根据载流导体在磁场中受力这一基本原理工作。直流发电机是根据切割磁场的导体产生感应电动势这一基本原理工作。

一、直流电动机工作原理分析

图 1-28 所示是一台最简单的直流电动机的模型。定子是两个在空间上固定的主磁极 N 和 S。在主磁极之间，有一个可以转动的线圈，就是转子，有效边为 ab 和 cd，接到换向片上。为了使线圈与外电路接通，换向器与空间固定的电刷 A、B 相接触。

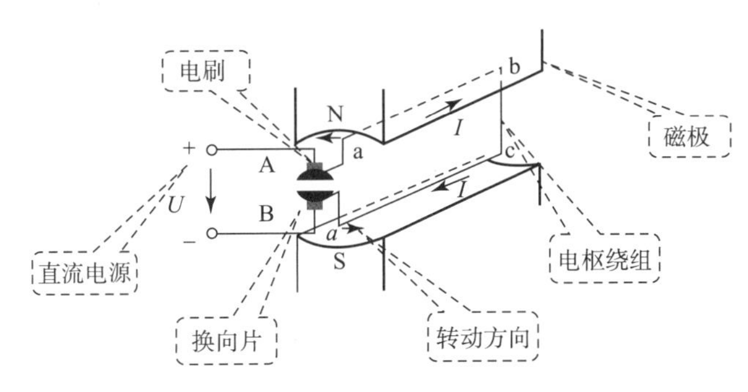

图 1-28　直流电动机的原理模型

当电刷 A 接直流电源的正极，电刷 B 接直流电源的负极时，电流将从电刷 A 通过换向片流入线圈 abcd，并从电刷 B 流出。N 极下线圈有效边的电流方向是 a→b，S 极下线圈有效边的电流方向是 c→d。根据电磁力定律，线圈 ab 边和 cd 边将分别受到电磁力的作用，电磁力的方向可按左手定则确定。在图示瞬时，线圈 ab 边的受力方向为自右向左，cd 边的受力方向自左向右，两个电磁力对转轴形成逆时针方向作用的力矩，即电磁转矩。在电磁转矩的作用下，转子将按照逆时针方向转动，当转子转了 180°后，导体 cd 转到 N 极下，导体 ab 转到 S 极下时，由于直流电源供给的电流方向不变，仍从电刷 A 流入，经导体 cd、ab 后，从电刷 B 流出。这时导体 cd 的受力方向变为从右向左，导体 ab 的受力方向是从左向右，产生的电磁转矩的方向仍为逆时针方向。因此，电枢一经转动，由于换向器配合电刷对电流的换向作用，直流电流交替地由导体 ab 和 cd 流入，使线圈边只要处于 N 极下，其中通过电流的方向便是由电刷 A 流入的方向，而在 S 极下时，总是从电刷 B 流出的方向。这就保证了每个极下线圈边中的电流始终是一个方向，从而形成一种方向不变的转矩，使电动机能连续地旋转。这就是直流电动机的工作原理。

二、直流发电机工作原理分析

直流发电机的简化模型如图 1-29 所示。

当原动机拖动电枢以恒速 n 逆时针方向转动时，根据电磁感应定律可知，在线圈边 ab 和 cd 中有感应电动势产生，感应电动势的方向可以用右手定则确定。如图瞬时，线圈 ab 处于 N 极下，其电动势的方向为 b→a，并通过换向片引到电刷 A，因此 A 刷的极性为正，线圈 cd 边处于 S 极下，电动势的方向为由 d→c，所以电刷 B 的极性为负。当转子逆时针转过

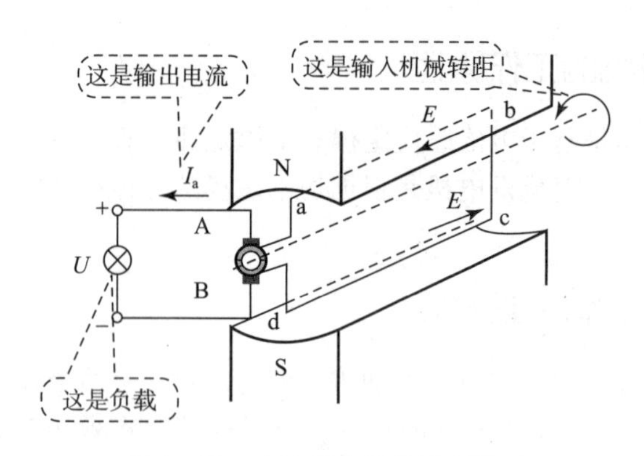

图 1－29　直流发电机的原理模型

180°后，线圈 cd 边电动势的方向变为 c→d，ab 边的电动势方向变为 a→b。虽然两个线圈边的电动势方向都发生了改变，但由于 cd 边通过换向片变为与电刷 A 接触，电刷 A 仍为正极性。同理，可分析出电刷 B 仍为负极性。随着转子连续旋转，线圈的每个有效边交替切割 N 极和 S 极磁力线而感应出交变电动势，但由于进入到 N 极下的线圈边总是和电刷 A 相接触，进入到 S 极下的线圈边总是和电刷 B 相接触，因此电刷 A 始终是正极性，电刷 B 始终是负极性，所以在电刷 A、B 之间引出的是方向不变的直流电动势。

任务三　直流电机的机械特性

一、直流电机的感应电动势和电磁转矩

1. 直流电机的感应电动势

感应电动势是转子绕组切割磁力线而产生的感应电动势。根据电磁感应定律，转子绕组中每根导体的感应电动势如下：

$$e = BLv \tag{1-46}$$

式中，B 为电磁感应强度（T），与每极磁通 Φ 成正比；L 为每根有效导体的长度（m），取决于电机的结构，是个定值；v 为转子运动的线速度（m/s）。

直流电机的转子绕组由许多导体按照一定规律连接，每并联支路所有导体的感应电动势都是叠加的，即转子电动势等于并联支路中每根导体中的感应电动势。导体运动的线速度 v 与转子绕组的转速 n 成正比。根据转子绕组的结构、绕指规律和电磁感应的有关知识可以写出转子电动势的表达式为：

$$E_a = C_e \Phi n \tag{1-47}$$

式中，C_e 为转子电动势系数，与电机的结构有关；Φ 为每根磁通（Wb）；n 为电机的转速（r/min）。

直流电机感应电动势的方向在实际中由右手定则判定。它是由磁场方向和转速方向来确定的，只要改变其中一个量的方向，感应电动势的方向就会改变。

当直流电机运行于电动状态时，感应电动势的方向与电枢电流的实际方向相反，电机吸收电网电能，故称这时的感应电动势为反电动势。

当直流电机运行于发电状态时，感应电动势的方向与电枢电流的实际方向相同，电枢绕

组通过电刷输出电能。

2. 直流电机的电磁转矩

直流电机的电磁转矩 T_e 是由转子绕组通入直流电后，在主磁场的作用下使得转子绕组的导体受到力 F 的作用而形成的。根据电磁力定律，转子绕组通入直流电后，每根有效导体受到的电磁力可以表示为：

$$F = BIL \tag{1-48}$$

式中，I 为每根导体中的电流，与转子电流 I_a 成正比。

直流电机受到的电磁转矩 T_e 是由所有有效的导体所受电磁力共同产生的，正比于电磁力 F，根据电磁感应的有关知识推导出电磁转矩的表达式为：

$$T_e = C_m \Phi I_a \tag{1-49}$$

式中，C_m 为电磁转矩系数，与电动机结构有关；Φ 为每极磁通（Wb）；I_a 为转子电流（A）；T_e 为电磁转矩（N·m）。

由式（1-49）可以看出，电磁转矩 T_e 与每极磁通 Φ 和转子电流 I_a 成正比，其方向取决于 Φ 和 I_a 的方向。

二、直流电机的平衡方程式

1. 电动势平衡方程式

他励直流电机的运行等效电路图如图 1-30 所示。由基尔霍夫电压定律可知：

$$U = E_a + I_a R_a \tag{1-50}$$

式中，U 为电枢电压；E_a 为直流电机产生的反电动势；I_a 为电枢电流。

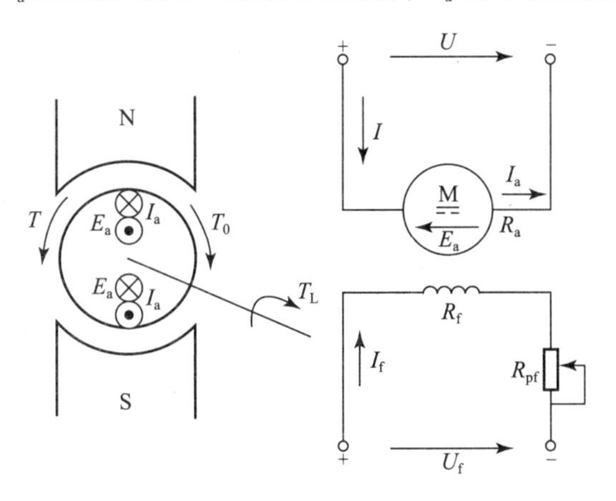

图 1-30　他励直流电机的运行等效电路

2. 功率平衡方程式

由电动势平衡方程式（1-50）可得

$$UI_a = E_a I_a + I_a^2 R_a \tag{1-51}$$

式中，输入功率 $P_1 = UI_a$；电磁功率 $P_{em} = E_a I_a$；

电枢铜耗 $P_{Cua} = I_a^2 R_a$。

所以

$$P_1 = P_{em} + P_{Cua} \tag{1-52}$$

三、直流电机的机械特性分析

直流电机的机械特性主要描述电机的转速 n 和电磁转矩 T_e 之间的关系，机械特性是描述电机运行性能的主要特性，是分析直流电机起动、调速、制动原理的一个重要依据。直流电机的励磁方式不同，其机械特性差别很大，在实际应用中他励直流电机的应用广泛，因此着重对他励直流电机的机械特性进行分析。

1. 他励直流电机的机械特性

将公式 $E_a = C_e\phi n$ 代入 $U = E_a + I_a R_a$，得出转速特性方程式为：

$$n = \frac{U}{C_e\Phi} - \frac{R_a}{C_e\Phi}I_a \tag{1-53}$$

将公式 $T_e = C_m\phi I_a$ 代入式（1－53）可得机械特性方程：

$$n = \frac{U}{C_e\Phi} - \frac{R_a}{C_e C_m\Phi^2}T_e \tag{1-54}$$

假定电源电压 U、磁通 Φ、转子回路电阻 R 都为常数，则式（1－54）可以写为

$$n = n_0 - \beta T_e \tag{1-55}$$

其中，$n_0 = \frac{U}{C_e\Phi}$，$\beta = \frac{R_a}{C_e C_m\Phi^2}$。

式中，n_0 为电机的理想空载转速，即在理想空载（$T_e = 0$）时电机的转速；β 为机械特性斜率，当改变转子回路的附加电阻或磁通时，就改变了特性曲线的斜率。

2. 他励直流电机的固有机械特性

在 $U = U_N$，$\Phi = \Phi_N$，$R_{ad} = 0$ 的条件下，电机的机械特性称为固有机械特性。根据固有机械特性的定义，可得固有特性方程为：

$$n = \frac{U_N}{C_e\Phi_N} - \frac{R_a}{C_e C_m\Phi_N^2}T_e = n_0 - \beta T_e \tag{1-56}$$

固有特机械特性曲线是一条斜率为 $-\frac{R_a}{C_e C_m\Phi_N^2}$ 的直线，如图 1－31 所示。

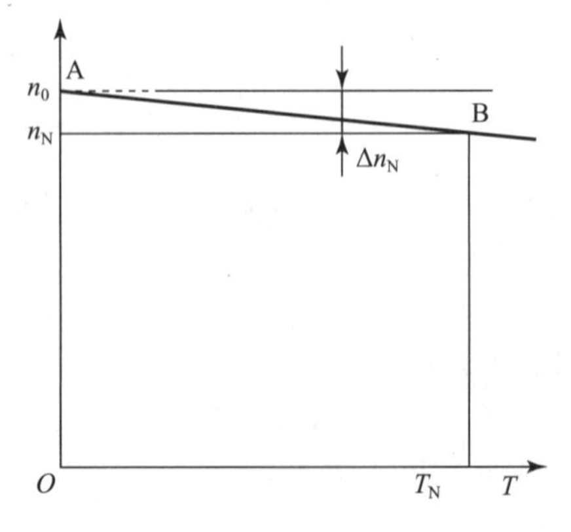

图 1－31　他励直流电机固有机械特性曲线

3. 他励直流电机的人为机械特性

在固有机械特性方程式中，当电压 U、磁通 Φ、转子回路电阻中任意一个参数改变而获得的特性，称为直流电动机的人为机械特性，以下分别加以讨论。

1）转子回路串接电阻 R_{ad}时的人为机械特性

在 $U=U_N$，$\Phi=\Phi_N$，$R=R_a+R_{ad}$即在保持电压及磁通不变的条件下，转子回路串接电阻 R_{ad}时，人为机械特性方程式为：

$$n=\frac{U_N}{C_e\Phi_N}-\frac{R_a+R_{ad}}{C_eC_m\Phi_N^2}T_e \tag{1-57}$$

由式（1-57）可知，人为特性与固有特性有相同的理想空载转速 n_0，而其特性曲线的斜率正比于串接电阻 R_{ad}，随着 R_{ad}的增大，人为特性曲线的硬度降低，如图 1-32 中曲线 2、3、4 所示。取不同的 R_{ad}值，便得到一族与固有特性相交于 n_0 的人为特性曲线。由此可见，通过在转子回路串接适当的电阻，可以改变机械特性曲线的硬度。这将有助于分析直流电机转子回路串接电阻起动和调速的原理。

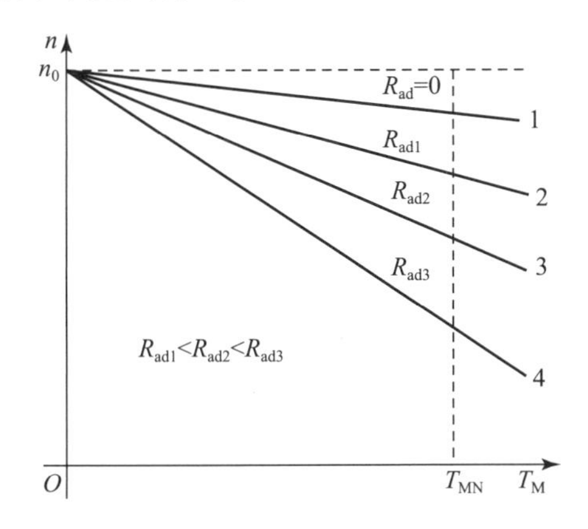

图 1-32　他励直流电机转子串接电阻时的人为机械特性曲线

2）改变转子电压 U 时的人为机械特性

在 $\Phi=\Phi_N$，$R=R_a$ 的条件下，改变转子电压 U 时的人为机械特性方程式为：

$$n=\frac{U}{C_e\Phi_N}-\frac{R_a}{C_eC_m\Phi_N^2}T_e \tag{1-58}$$

由式（1-58）可知，在改变转子电压时，特性曲线的斜率保持不变，但与 n 轴的交点随着电压成正比而变化。一般要求外加电压不超过电机的额定值，所以只能减小转子电压。因此人为机械特性如图 1-33 所示，其是一组斜率不变的、低于固有特性的平行线。

3）改变磁通 Φ 时的人为机械特性

一般电机在额定磁通下运行时，电机的磁路已接近饱和，因此，改变磁通实际上只能减弱磁通。在 $U=U_N$，$R=R_a$ 时，减弱磁通时的人为机械特性方程式为：

$$n=\frac{U_N}{C_e\Phi}-\frac{R_a}{C_eC_m\Phi^2}T_e \tag{1-59}$$

由式（1-59）可以看出，特性方程与 n 轴的交点和斜率与磁通成反比，减弱磁通时，n 轴交点升高，斜率增加，如图 1-34 所示。

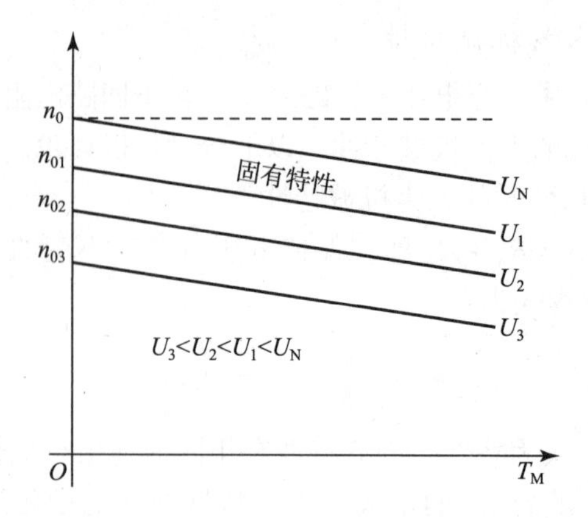

图 1－33　他励直流电机改变转子电压时的人为机械特性曲线

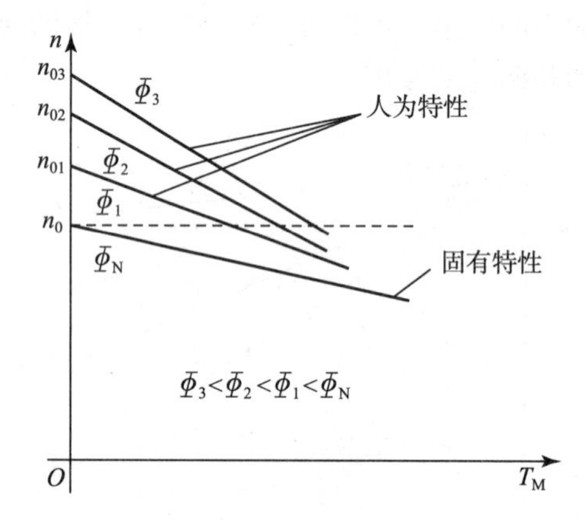

图 1－34　他励直流电机改变磁通时的人为机械特性曲线

任务四　直流电机的拆装

一、直流电机的拆卸步骤

（1）拆去接至电机的所有连线；

（2）拆除电机的地脚螺栓；

（3）拆除与电机相连接的传动装置；

（4）拆去轴承端的联轴器或带轮；

（5）拆去换向器端的轴承外盖；

（6）打开换向器端的视察窗，从刷盒中取出电刷，再拆下刷杆上的连接线；

（7）拆下换向器端的端盖，取出刷架；

（8）用纸或布把换向器包好；

（9）对于小型直流电机，可先把后端盖固定螺栓松掉，用木槌敲击前轴端，有后端盖螺孔的用螺栓拧入螺孔，使端盖止口与机座脱开，把带有端盖的电机转子从定子内小心地抽出；

（10）对于中型直流电机，可将后端轴承盖拆下，再卸下后端盖；

(11) 将电枢小心地抽出，防止损伤绕组和换向器；

(12) 如发现轴承有异常现象，可将轴承卸下。

电机电枢、定子的零部件如有损坏，则继续拆卸，并重点检查和修复换向装置。直流电机的拆卸分解如图 1-35 所示。

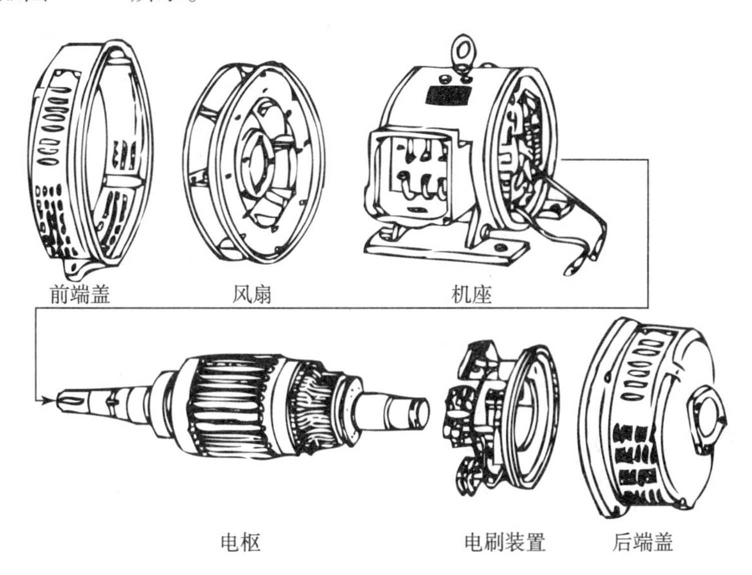

图 1-35　直流电机的拆卸分解

二、直流电机的装配步骤

(1) 清理零部件；

(2) 定子装配；

(3) 装轴承内盖及热套轴承；

(4) 装刷架于前端盖内；

(5) 将带有刷架的端盖装到定子机座上；

(6) 将机座立放，机座在上，端盖在下，并将电刷从刷盒中取出来，吊挂在刷架外侧；

(7) 将转子吊入定子内，使轴承进入端盖轴承孔；

(8) 装端盖及轴承外盖；

(9) 将电刷放入刷盒内并压好；

(10) 装出线盒及接引出线；

(11) 装其余零部件；

(12) 安装好电机。

三、拆装时的注意事项

(1) 拆下刷架前，要作好标记，便于安装后调整电刷中性线的位置；

(2) 抽出电枢时要仔细，不要碰伤换向器及绕组；

(3) 取出的电枢必须放在木架或木板上，并用布或纸包好；

(4) 拧紧端盖螺栓时，必须按对角线上下左右逐步拧紧；

（5）拆卸前对原有配合位置作一些标记，以便组装时恢复原状；

（6）测量电阻时必须注意：应采用蓄电池或直流稳压电源；绕组中流过的电流一般不应超过绕组额定电流的20%；电流表和电压表的读数应很快地同时读出。

子项目二　直流电机的控制

任务一　直流电机的起动与反转

要正确使用一台电机，首先碰到的问题是怎样把它开动起来，要使电机起动过程达到最优要求，应考虑的问题包括以下几个方面：（1）起动电流的大小；（2）起动转矩的大小；（3）起动时间的长短；（4）起动过程是否平滑，即加速是否均匀；（5）起动过程中的能量损耗和发热量的大小；（6）起动设备是否简单和可靠性如何。

一、直流电机的起动

所谓电机的起动，是指电机接通电源后，转速由零上升到稳定转速的过程。对直流电机起动的要求是，在保证起动转矩足够大的前提下，尽量减小起动电流。

直流电机的起动方法有：全压起动、降压起动、转子回路串接电阻起动。

1. 全压起动

全压起动就是直流电机在额定电压下直接起动。起动时，转子电流为：

$$I=\frac{U_N-E_a}{R_a}=\frac{U_N-C_e\Phi n}{R_a} \tag{1-60}$$

在起动瞬间，转速 $n=0$，因此 $E_a=0$，又由于 R_a 非常小，所以起动电流 I_{st} 很大，可达到额定电流的10～20倍，这么大的起动电流是电机过载能力所不允许的。它可能造成转子绕组绝缘损坏，甚至烧断绕组；换向火花增大，烧坏换向器；对电源造成很大的冲击，波及同一电网上的其他设备。

另外，直接起动时的起动转矩为 $T_{st}=C_m\Phi I_{st}$，由于起动电流 I_{st} 本身很大，所以起动转矩也很大，较大的起动转矩对电机的机械传动部分产生很大的冲击力，会造成机械性损伤。因此，只有容量很小的电机，才采用全压起动。稍大容量的电动机起动时必须采取措施限制起动电流。

2. 减压起动

在电机起动瞬间，$n=0$，$E_a=0$，$I=\frac{U}{R_a}$。如果降低电源电压，就可以减小起动电流。随着转速的上升，反电动势 E_a 逐渐增大，将电源电压逐步升到额定值，使电机达到额定转速。在整个起动过程中，利用自动控制装置，使电压连续升高，保持转子电流为最大允许电流，从而使系统在较大的加速转矩下迅速起动。

这是一种比较理想的起动方法。降压起动的优点是既限制了起动电流，起动过程又平稳、能量损耗又小。其缺点是必须有单独的可调压直流电源，起动设备复杂、初期投资大，多用于要求经常起动的场合和大中型电机的起动，实际使用的直流伺服系统多采用这种起动方法。目前，广泛应用的是大功率半导体器件所组成的可控整流电源，它不仅可以用于直流电机的调速，而且还可用于降压起动。

3. 转子回路串接电阻起动

这种起动方式是在直流电机起动时，电枢绕组两端加额定电枢电压，在电机的电枢回路中串入合适的起动电阻；随着起动过程的进行，逐渐地将串接在电枢回路中的电阻逐级切除，直到电枢回路中的电阻只剩下电枢本身的电阻为止。直流电机电枢串接电阻起动电路如图 1－36 所示。

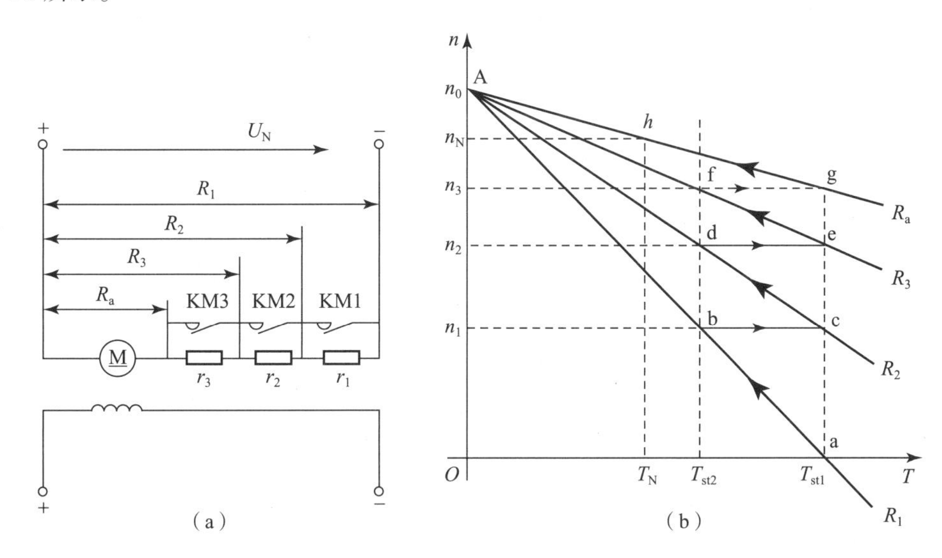

图 1－36　直流电机电枢串接电阻起动

（a）原理图；（b）过程分析图

为什么要将起动电阻分段切除？这是因为当电机转动起来后，产生了反电动势 E_a，这时的电机起动电流应为：

$$I_{st}=\frac{U_N-E_a}{R_a+R_{st}}=\frac{U_N-C_e\Phi n}{R_a+R_{st}} \tag{1-61}$$

随着转速的不断的增加，E_a 增加，I_{st}减小，起动转矩 T_{st}随之减小。这样，电机的动态转矩以及加速度也就减小，使起动过程拖长，并且不能加速到额定转速。最理想的情况是保持电机加速度不变，即让电机作匀加速运动，电机的转速随时间成正比例上升。这就要求电机的起动转矩与起动电流在起动过程中保持不变。要满足这个要求，由式（1－61）可以看出，随着电机转速的增加，应将起动电阻均匀平滑地切除。起动电阻分段数目越多，起动的加速过程越平滑。但是为了减小控制电器的数量及设备投资，提高工作的可靠性，段数不宜过多，只要将起动电流的变化保持在一定的范围内即可。

现以 3 级起动为例，对直流电机的起动过程分析如下。

1）起动过程

首先 KM1、KM2、KM3 三个接触器开关全部断开，r_1、r_2、r_3 全部串入电枢回路，电机从 a 点起动，随着起动过程的进行，电机转速沿着 R_1 的人为机械特性曲线不断升高，当到达 b 点时接触器 KM2 闭合，切除 r_1，电机电枢电流增大，电磁转矩增大，机械特性由 b 点过渡到 c 点，电机的转速沿 R_2 的人为机械特性曲线升高，当升高到 d 点时，接触器 KM2 闭合，切除 r_2，电机电枢电流再次增大，电磁转矩再次增大，机械特性又由 d 点过渡到 e 点，电机转速沿 R_3 的人为机械特性曲线升高，当升高到 f 点时，接触器 KM3 闭合，切除 r_3，电机电枢电流继续增大，电磁转矩继续增大，机械特性又由 f 点过渡到 g 点，电机转速沿固有机械特性曲线升高，直到 h 点，此时电磁转矩等于负载转矩，电机以稳定的转速运行，起动过程结束。

起动电流 I_{st1} 的选择，按技术标准规定，一般直流电机的起动电流应限制在额定电流的 2.5 倍以内。相应的起动转矩基本上也在额定转矩的 2.5 倍以内，有

$$I_{st1}=(1.5\sim2.2)I_N \tag{1-62}$$

切换电流 I_{st2} 必须大于起动时的负载电流，或切换转矩应大于起动时的负载转矩，一般应选取为：

$$I_{st2}=(1.1\sim1.3)I_N \tag{1-63}$$

2）起动电阻的计算

各级起动电阻值的确定，要求达到各级起动的起动电流和切换电流一致。根据以上起动要求，因为

$$E_b=E_c,\ E_d=E_e,\ E_f=E_g$$

所以

$$R_1I_{st2}=R_2I_{st1},\ R_2I_{st2}=R_3I_{st1},\ R_3I_{st2}=R_aI_{st1}$$

即

$$\frac{R_1}{R_2}=\frac{R_2}{R_3}=\frac{R_3}{R_a}=\frac{I_{st1}}{I_{st2}}=\lambda$$

所以

$$R_3=\lambda R_a,\ R_2=\lambda R_3=\lambda^2R_a,\ R_1=\lambda R_2=\lambda^3R_a$$

所以

$$r_3=R_3-R_a=(\lambda-1)R_a,\ r_2=R_2-R_3=\lambda r_3,\ r_1=R_1-R_2=\lambda r_2$$

起动级数 m 的选取应根据控制设备的要求来定，一般不超过 6 级。当起动级数为 m 时，各级起动电阻的计算公式为 $R_1=\lambda^mR_a$，$\lambda=\sqrt[m]{\frac{R_1}{R_a}}$。

[**例 1-4**]　$U_N=220\text{V}$，$n_N=1\ 500\text{r/min}$，$I_N=68.6\text{A}$，$R_a=0.225\Omega$。现要求 3 级起动。

解：设起动电流为：

$$I_{st1}=2.2I_N=2.2\times68.6=151\ (\text{A})$$

$$R_1=\frac{U_N}{I_{st1}}=\frac{220}{151}\ (\Omega)=1.46\ (\Omega)$$

$$\lambda=\sqrt[3]{\frac{R_1}{R_a}}=\sqrt[3]{\frac{1.46}{0.225}}=1.86$$

$$I_{st2}=\frac{I_{st1}}{\lambda}=\frac{151}{1.86}\ (\text{A})=81\ (\text{A})>1.1I_N$$

$$r_3=(\lambda-1)R_a=(1.86-1)\times0.225=0.194\ (\Omega)$$

$$r_2=\lambda r_3=1.86\times 0.1935=0.359\ (\Omega)$$

$$r_1=R_1-R_2=\lambda r_2=1.86\times 0.359=0.669\ (\Omega)$$

[**例 1 - 5**] 一台并励直流电机，$P_N=10\text{kW}$，$U_N=220\text{V}$，$I_N=55\text{A}$，$R_a=0.2\Omega$。若直接起动，起动电流为多少？若采用转子回路串接电阻起动，将起动电流降为额定值的 2 倍，则应串接多大的起动电阻？

解： 直接起动时，起动电流为

$$I_{st}=\frac{U_N}{R_a}=\frac{220\text{V}}{0.2\Omega}=1\ 100\text{A}$$

转子回路串接电阻起动时，起动电流为

$$I_{st}=\frac{U_N}{R_a+R_{st}}=2\text{I}_N$$

起动电阻为

$$R_{st}=\frac{U_N}{2I_N}-R_a=\frac{220}{2\times 55}\Omega-0.2\Omega=1.8\Omega$$

二、直流电机的反转

直流电机的电磁转矩为 $T_e=C_m\Phi I_a$，由上式可知，要使直流电机反转，只要改变电机的电磁转矩方向，电机就可以反向运行。

改变电磁转矩的方向有两种方法：一个是电枢绕组两端极性不变，而将励磁绕组反接；另一个是励磁绕组极性不变而将电枢绕组反接。如果两者同时改变，则电磁转矩的方向不变。

任务二 直流电机的调速

为了提高产品质量和生产效率，工作机械的运行速度不可能是单一的。应按照工作机械的要求人为地调节拖动电机的运行速度。例如：车床切削工件时，精加工用高速，粗加工用低速。那么怎样进行速度调整呢？

所谓直流电机的调速，是指人为地改变电机的相关电气参数，使其转速发生变化，从而达到预定的转速。

他励直流电机的机械特性方程为：

$$n=\frac{U}{C_e\Phi}-\frac{R_a+R_{st}}{C_eC_m\Phi^2}T_e,$$

由上面的方程式可知，要使电机的转速发生变化，有以下的三种方式：

（1）改变电枢电压调速；

（2）改变转子回路电阻调速；

（3）改变磁通调速。

一、改变电枢电压调速

调速前，电机稳定工作在图 1 - 37 所示的固有机械特性曲线 1 的 a 点上。这时如加在转子两端的电压降低，在此瞬间电机的转速由于惯性作用而来不及变化，电动势 E_a 也来不及变化。由式（1-60）可知，转子电流 I_a 将减小，这必将导致电磁转矩 T_e 变小，电动机将从 a 点瞬时过渡到人为机械特性曲线 2 的 b 点。这时电机电磁转矩小于负载转矩，转速将下降。在转速下降的同时，电动势 E_a 也随之减小，转子电流和电磁转矩又重新增大。当转子电流及电磁转矩增加到原来与负载转矩相平衡的数值时，电机便稳定在人为机械特性曲线 2 的 c 点上。

如果转子电压下降幅度较大，使 $U<E_a$，I_a 为负值，电机便过渡到回馈发电制动状态，从固有机械特性曲线 1 的 a 点瞬时过渡到另一人为机械特性曲线 3 的 b′点。这时系统的动能将变为电能回馈电网。电机在电磁制动转矩和负载阻转矩的作用下，转速下降。随后，电机的转矩和转速变化沿着人为机械特性曲线 3，从 b′点过渡到 d 点，并以转速 n_d 的转速稳定运行于 d 点。

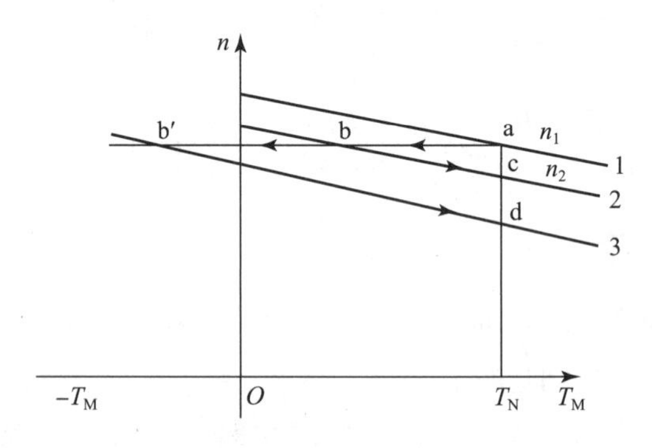

图 1-37　改变电枢电压调速时的机械特性曲线

这种调速方法的主要优点有：电压调节可以很细，实现无级调速，平滑性很好；由于特性没有软化，相对稳定性较好；可以调节至较低的转速，因此调速范围较广；调速过程能量损耗较小。

二、改变转子回路电阻调速

在调速前，电机带额定负载运行于图 1-38 所示的固有机械特性曲线 1 的 a 点，对应转速为 n_N，转子电流为 I_N，由于转速不能跃变，反电动势 $E_a=C_e\Phi_N$ 也不会跃变，转子电流将

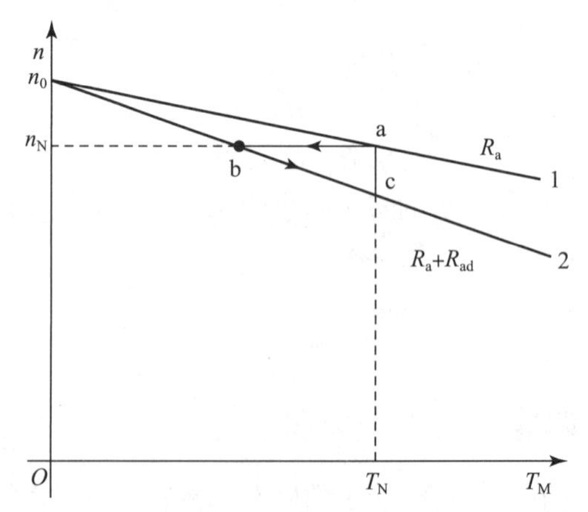

图 1-38　改变转子回路电阻调速时的机械特性曲线

随着电阻的串入而减小，使电磁转矩 $T_e = C_m \Phi I_a$ 减小，这时运行点由固有特性曲线的 a 点过渡到人为特性曲线 2 的 b 点。这时电机电磁转矩小于负载转矩，转速将沿着特性曲线 2 下降，在转速下降的同时，电动势 E_a 随之减小，转子电流及电磁转矩又重新增大。当转子电流及电磁转矩增加到原来与负载转矩相平衡的数值时，电机便稳定运行在转速较额定值低的人为机械特性曲线 2 的 c 点上。

这种调速方法的缺点是：由于所串接电阻体积大，只能实现有级调速，调速的平滑性差；低速时，特性较软，稳定性较差；因为转子电流不变，电阻损耗随电阻成正比变化，转速越低，需串入的电阻越大，电阻损耗越大，效率越低。但这种调速方法具有设备简单、操作方便的优点，适于作短时调速，在起重和运输牵引装置中得到广泛的应用。

三、改变磁通调速

改变磁通调速的过程如图 1－39 所示。当磁通减弱时，其电磁转矩的大小不仅取决于磁通，还与电枢电流密切相关；磁通减小，导致电枢反电动势减小，电枢电流增大，所以电磁转矩反而增大；当电磁转矩超过负载转矩时，电机的工作点由固有机械特性曲线上的 a 点过渡到人为机械特性曲线上的 b 点，在 b 点，电机的电磁转矩大于负载转矩，电机转速沿着人为机械特性曲线升高，升高到 c 点时，电机的电磁转矩与负载转矩相等，电机稳定运行。

根据式（1－54）和式（1－55）可知，当磁通 ϕ 减小时，理想空载转速 n_0 将升高，同时特性斜率 β 将增大。但一般 n_0 比 β 增加得快，因此在一般情况下，磁通的减弱使转速上升，即弱磁调速是从额定转速向上调速。

改变磁通调速方法的优点是调速级数多，平滑性好；控制设备体积小，投资少，能量损耗小。其主要缺点是只能使转速升高而不能降低。因为正常工作时，$\phi = \phi_N$，磁路已趋饱和，所以只能采取弱磁调速的方法。而弱磁使转速升高又受到换向和机械强度的限制，因此该方法在实际应用中受到限制。

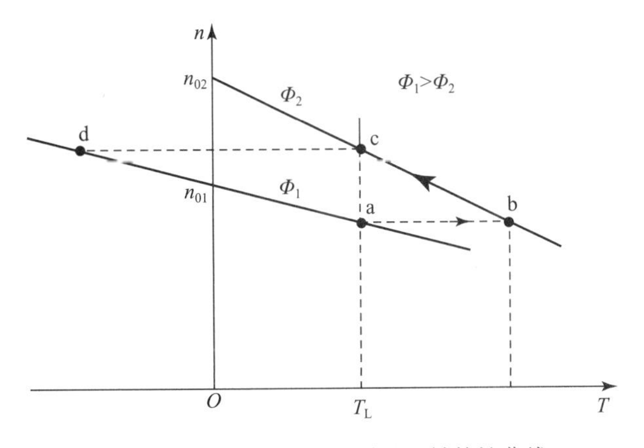

图 1－39　改变磁通调速时的机械特性曲线

［例 1－6］　一台直流他励电机的额定数据是：$P_N = 46\text{kW}$，$U_N = 220\text{V}$，$n_N = 580\text{r/min}$，$I_N = 230\text{A}$，$R_a = 0.045\Omega$，当额定负载时求：

（1）要使电动机以 350r/min 的速度运行，如何实现？

（2）若减小励磁使磁通减小 15%，求电机的转速和转子电流是多少？

解：

（1）因所求的电机转速小于额定转速，因此可以采用降低电源电压或转子回路串接电阻两种方法实现。

①降低电源电压。

额定电压时电动势平衡方程式为：

$$U_N = E_a + I_N R_a = C_e \Phi n_N + I_N R_a$$

则：

$$C_e \Phi = \frac{U_N - I_N R_a}{n_N} = \frac{220 - 230 \times 0.045}{580} \ (\text{V} \cdot \text{min/r}) = 0.3615 \ (\text{V} \cdot \text{min/r})$$

通过减压方式减速时电动势平衡方程式为：

$$U = E_a + I_N R_a = C_e \Phi n + I_N R_a = 0.361\,5 \times 350 + 230 \times 0.045 = 136.875 \ (\text{V})$$

②转子回路串接电阻。

电动势平衡方程式为：

$$U_N = E_a + I_N (R_a + R_{ad}) = C_e \Phi n + I_N (R_a + R_{ad})$$

则

$$R_{ad} = \frac{U_N - C_e \Phi n}{I_N} - R_a = \frac{220 - 0.361\,5 \times 350}{230} - 0.045 = 0.361\,4 \ (\Omega)$$

（2）调速前后电磁转矩不变，则减小磁通调速前后的电磁转矩方程式为：

$$C_m \Phi_N I_N = C_m \Phi I_a$$

$$I_a = \frac{\Phi_N}{\Phi} I_N = \frac{1}{0.85} 230 \ (\text{A}) = 270.59 \ (\text{A})$$

减弱磁通调速后的转速为：

$$n = \frac{U_N}{C_e \Phi} - \frac{R_a}{C_e \Phi} I_a = \frac{220}{0.85 \times 0.361\,5} - \frac{0.045}{0.85 \times 0.361\,5} \times 230 = 682.29 \ (\text{r/min})$$

任务三　直流电机的制动

许多生产机械为了提高生产效率和产品质量，要求电机能够迅速、准确地停车或反向旋转，为达此目的，要对电机进行制动。那么，怎样进行电气制动呢？下面就介绍直流电机的电气制动。

一、制动的概念

生产机械的制动，可以通过机械和电气两种基本方式来实现，通常这两种方法是配合使用的，以下重点分析直流电机电气制动的方法、特性和使用特点。

电气制动是指电机运行时，其电磁转矩与转速的方向相反时的工作状态。因此此时的电磁转矩对运行的电机而言，起到了阻碍的作用，故称为电气制动，或称为制动工作状态。由于在电气制动的工作状态下，电机将机械能转换成了电能，所以也被称为发电状态。

根据运行电路和能量传递的不同，电气制动可以分为能耗制动、反接制动和回馈制动三种方式。

二、能耗制动

能耗制动的方法是将正在运转的电机转子两端从电源断开（励磁绕组仍接电源），并立刻在转子两端接入一制动电阻 R_z，这样电机就从电动状态变为发电状态，将其动能转变为电能消耗在电阻上，故称为能耗制动。他励直流电机能耗制动的原理和机械特性如图 1－40 所示。

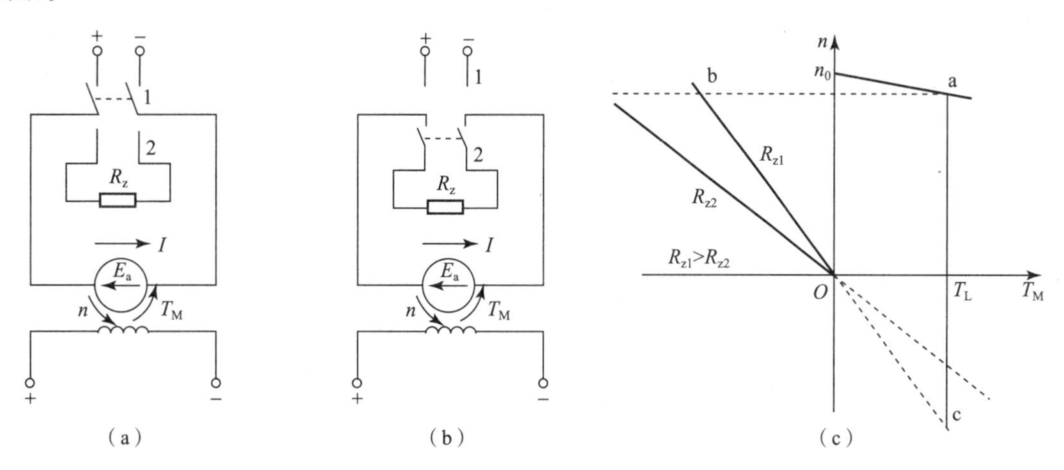

图 1－40　他励直流电机的能耗制动

（a）电动状态原理；（b）能耗制动状态原理；（c）能耗制动的机械特性

图 1－40a 所示为电动状态运行，开关合在 1 的位置。电动势、电流、转矩和转向方向如图中所示。如将开关倒合到 2 的位置，电动机被切断电源而接入一个制动电阻 R_z。这时在系统惯性作用下，电机继续旋转，励磁仍然保持不变。在电动势作用下，变为发电状态，把旋转系统所贮存的动能变为电能，消耗在制动电阻和转子内阻中。由于此时作用于电动机的电网电压 $U=0$，则电机的电流为：

$$I_a=\frac{U-E_a}{R_a+R_z}=-\frac{E_a}{R_a+R_z} \tag{1-64}$$

式（1－64）中的负号表示电流方向与电机运行状态的方向相反，因为电机的励磁电路仍然接在电源上，磁通不变，所以制动时电流所产生的电磁转矩和原来的方向相反，变为制动转矩，它使电机很快减速直至停转。能耗制动状态原理如图 1－40（b）所示。

在能耗制动时，因 $U=0$，则 $n_0=0$，电机的机械特性方程式为：

$$n=-\frac{R_a+R_z}{C_e\Phi}I_a=-\frac{R_a+R_z}{C_eC_m\Phi^2}T_e \tag{1-65}$$

从式（1－65）可知，能耗制动时，机械特性曲线为通过原点的直线，它的斜率 $-\beta=-\frac{R_a+R_z}{C_eC_m\Phi^2}$，与转子回路总电阻成正比。因为能耗制动时转速方向未变，电流和转矩方向变为负（以电动状态为正）。所以，它的机械特性曲线在第二象限，如图 1－40（c）所示。图 1－40（c）中还绘出了不同制动电阻时的机械特性。可以看出，在一定的转速下，转子总电阻越大，制动电流和制动转矩越小。因此，在转子电路中串接不同的电阻，可满足不同的制动要求。

能耗制动的优点是：制动减速较平稳可靠，控制电路较简单，当转速减至零时，制动转矩也减小到零，便于实现准确停车。其缺点是：制动转矩随转速下降成正比地减小，影响到制动效果。能耗制动适用于不可逆运行，制动减速要求较平稳的情况。

三、反接制动

电源反接制动原理如图 1-41 所示，当接触器 KM1 触点闭合时，电机以电动状态运行，旋转方向和电动势方向如图中实线箭头所示，电流 I_a 和电磁转矩 T_e 的方向用虚线箭头表示。若将开关投向 2 的位置，这时加在转子绕组两端的电源电压极性便和电机运行时相反，因为这时磁场和转向不变，电动势方向不变。于是外加电压与电动势方向相同，这样，转子电流为：

$$I_a=\frac{-U-E_a}{R_a+R_z}=-\frac{U+E_a}{R_a+R_z} \tag{1-66}$$

转子电流 I_a 变为负值，电磁转矩 T_e 的方向也发生变化，起到制动作用，使转速迅速下降。

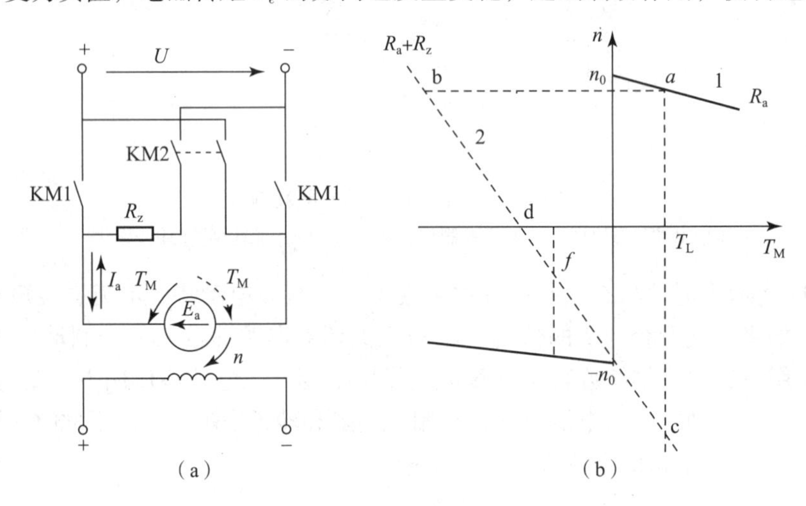

图 1-41　他励直流电机的反接制动

(a) 反接制动原理；(b) 反接制动的机械特性

因为制动时接于电机的电源电压符号改变，所以电源反接的机械特性方程式为：

$$n=-\frac{U}{C_e\Phi}-\frac{R_a+R_z}{C_eC_m\Phi^2}T_e \tag{1-67}$$

式中，T_e 应以负值代入。

电源反接过程的机械特性曲线如图 1-41（b）所示。在制动前，电机运行在固有特性曲线的 a 点上，当串入电阻 R_z 并将电源反接的瞬间，电机工作点变到电源反接的人为特性曲线 2 的 b 点上，电机的电磁转矩 T_e 变为制动转矩，这使电机工作点沿特性曲线 2 开始减速。当转速降至零时，如果是反抗性负载，当 $T_e\leqslant T_L$ 时，电动机便停止旋转；当 $T_e>T_L$ 时，在反向的电磁转矩的作用下，电机将反向起动，进入反向电运行状态。要避免电机反转，必须在 $n=0$ 的瞬间切断电源，并使机械抱闸动作，以保证电动机准确停车。

反接制动的优点是：制动转矩较恒定，制动作用比较强烈，制动快。其缺点是：所产生的冲击电流大，需串入相当大的电阻，故能量损耗大，转速为零时，若不及时切断电源，会自行反向加速。这种方法适用于要求正反转运转的系统中，它可使系统迅速制动，并随之立即反向起动。

四、回馈制动

当直流电机轴上受到和转速方向一致的外加转矩的作用时，电机加速将超过理想空载转速，即 $n > n_0$。此时转子电动势大于电源电压，即 $E_a = C_e \Phi n > U = C_e \Phi n_0$，而转子电流 $I_a = \frac{U - E_a}{R_a} = \frac{C_e \Phi n_0 - C_e \Phi n}{R_a} < 0$，于是转子电流改变了方向，电磁转矩 T_e 成为制动转矩。电机由电动状态变为发电状态，把外力输入的机械能变成电能回馈给电网，因此电机的这种运行状态称作为回馈制动。

回馈制动适用于位能负载的稳定高速下降，在调速过程开始可能出现过渡性回馈制动状态。例如，当起重机下放重物或电车下坡时，电机转速都可能超过 n_0，这时电机将处于回馈制动状态。

回馈制动的优点是：不需要改接线路即可从电动状态自行转换到制动状态，将轴上的机械功率变为电功率反馈回电网，简便、可靠而经济。其缺点是只有当 $n > n_0$ 时才能产生回馈制动，故不能用来使电机停车，所以其应用范围较窄。

【技能训练】

实验6 直流他励电机控制实验

一、实验目的

（1）学习电机实验的基本要求与安全操作注意事项；

（2）熟悉直流他励电机（即并励电机按他励方式）的接线、起动、改变电机转向与调速的方法。

二、实验设备

序号	型号	名称	数量
1	DD03	导轨、测速发电机及转速表	1台
2	DJ23	校正直流测功机	1台
3	DJ15	直流并励电机	1台
4	D31	直流数字电压、毫安、安培表	2件
5	D42	三相可调电阻器	1件
6	D44	可调电阻器、电容器	1件
7	D51	波形测试及开关板	1件

三、实验线路及原理

直流他励电动机控制实验接线图如图 1－42 所示。

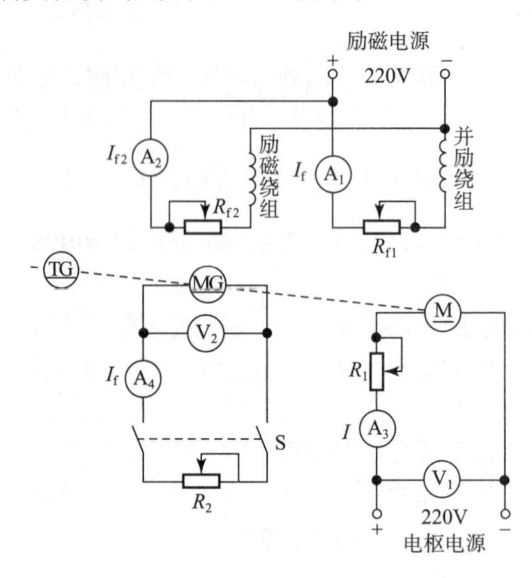

图 1－42　直流他励电机控制实验接线图

1. 直流他励电机起动

直流他励电机的起动方式有三种：直接起动、减压起动、转子回路串接电阻起动。

2. 调节直流他励电机的转速

电机的转速发生变化，有以下的三种方式：（1）改变电枢电压调速；（2）改变转子回路电阻调速；（3）改变磁通调速。

3. 改变电机的转向

直流电机反转，只要改变电机的电磁转矩方向，电动机就可以反向运行。

改变电机转向共有两种方法：一个是电枢绕组两端极性不变，而将励磁绕组反接；另一个是励磁绕组极性不变而将电枢绕组反接。如果两者同时改变，则电磁转矩的方向不变。

四、实验内容及步骤

图 1－42 中的直流他励电机 M 选用 DJ15 直流并励电机，其额定功率 $P_N = 185W$，额定电压 $U_N = 220V$，额定电流 $I_N = 1.2A$，额定转速 $n_N = 1\ 600r/min$，额定励磁电流 $I_{fN} < 0.16A$。校正直流测功机 MG 作为测功机使用，TG 为测速发电机。直流电流表选用 D31。R_{f1} 用 D44 挂件中的 1 800Ω 阻值的变阻器作为直流他励电机励磁回路串接的电阻。R_{f2} 选用 D42 挂件中的 1 800Ω 阻值的变阻器作为 MG 励磁回路串接的电阻。R_1 选用 D44 挂件中的 180Ω 阻值的变阻器作为直流他励电机的起动电阻，R_2 选用 D42 挂件上的 900Ω 阻值的变阻器经过串并联连接后组成 2 250Ω 阻值作为 MG 的负载电阻。

1. 他励直流电机起动

(1) 按图 1－42 的实验接线图进行接线，实验线路接线完毕将电机电枢串联起动电阻 R_1、测功机 MG 的负载电阻 R_2 及 MG 的磁场回路电阻 R_{f2} 调到阻值最大位置，M 的磁场调节电阻 R_{f1} 调到最小位置，断开开关 S，并确认断开控制屏下方右边的电枢电源开关，作好起动准备。

(2) 开启控制屏上的钥匙开关，按下其上方的“启动”按钮，接通其下方左边的励磁电源开关，观察 M 及 MG 的励磁电流值，调节 R_{f2}，使 I_{f2} 等于校正值（100mA）并保持不变，再接通控制屏右下方的电枢电源开关，使 M 起动。

(3) M 起动后观察转速表指针的偏转方向，指针应为正向偏转，若不正确，可拨动转速表上的正、反向开关来纠正。调节控制屏上的电枢电源“电压调节”旋钮，使电机电枢端电压为 220V。减小起动电阻 R_1 的阻值，直至短接。

(4) 合上校正直流测功机 MG 的负载开关 S，调节 R_2 阻值，使 MG 的负载电流 I_F 改变，即直流电动机 M 的输出转矩 T_2 改变，可得到 M 不同的输出转矩值。

2. 调节他励电机的转速

分别改变串入电机 M 电枢回路的调节电阻 R_1 和励磁回路的调节电阻 R_{f1}，观察转速的变化情况。

3. 改变电机的转向

将电枢串联起动变阻器 R_1 的阻值调回到最大值，先切断控制屏上的电枢电源开关，然后切断控制屏上的励磁电源开关，使直流他励电机停机。在断电情况下，将电枢（或励磁绕组）的两端接线对调后，再按他励电机的起动步骤起动电机，并观察电机的转向及转速表显示的转向。

五、注意事项

(1) 直流他励电机起动时，需将励磁回路串联的电阻 R_{f1} 调至最小，先接通励磁电源，使励磁电流最大，同时必须将电枢串联起动电阻 R_1 调至最大，然后方可接通电枢电源。使电机正常起动。电机起动后，将起动电阻 R_1 调至零，使电机正常工作。

(2) 直流他励电机停机时，必须先切断电枢电源，然后断开励磁电源。同时必须将电枢串联的起动电阻 R_1 调回到最大值，将励磁回路串联的电阻 R_{f1} 调回到最小值，给下次起动作好准备。

(3) 测量前注意仪表的量程、极性及其接法是否符合要求。

(4) 若要测量电机的转矩 T_2，必须将校正直流测功机 MG 的励磁电流调整到校正值 100mA，以便在校正曲线中查出电机 M 的输出转矩。

实验 7　直流并励电机控制实验

一、实验目的

(1) 掌握用实验方法测取直流并励电机的工作特性和机械特性；

(2) 掌握直流并励电机的调速方法。

二、实验设备

序号	型号	名称	数量
1	DD03	导轨、测速发电机及转速表	1 台
2	DJ23	校正直流测功机	1 台
3	DJ15	直流并励电机	1 台
4	D31	直流数字电压、毫安、安培表	2 件
5	D42	三相可调电阻器	1 件
6	D44	可调电阻器、电容器	1 件
7	D51	波形测试及开关板	1 件

三、实验线路及原理

图 1－43 所示为直流并励电机控制实验接线图，图中校正直流测功机 MG 按他励发电机连接，在此作为直流电机 M 的负载，用于测量电机的转矩和输出功率。R_{f1} 选用 D44 挂件的 900Ω 阻值的变阻器，按分压法接线。R_{f2} 选用 D42 挂件的两个 900Ω 电阻串联，即 1 800Ω 阻值的变阻器。R_1 选用 D44 挂件的 180Ω 阻值的变阻器。R_2 选用 D42 挂件的 900Ω 阻值的变阻器经过串并联连接后取得 2 250Ω 阻值。

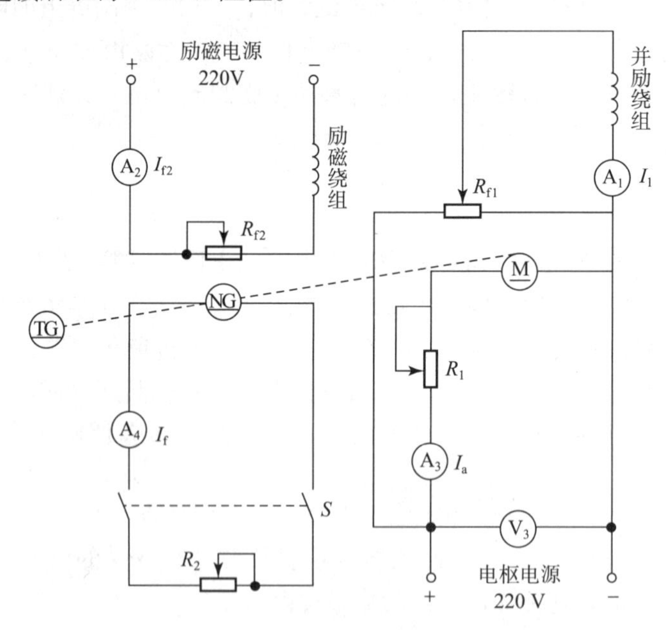

图 1－43　直流并励电机控制实验接线图

四、实验内容及步骤

1. 并励直流电机的工作特性、机械特性

（1）实验线路按图 1－43 连接，将直流并励电机 M 的磁场调节电阻 R_{f1} 调至最大值，将

电枢串联起动电阻 R_1 调至最大值，接通控制屏下边右方的电枢电源开关使其起动，其旋转方向应符合转速表正向旋转的要求。

（2）M 起动正常后，将其电枢串联电阻 R_1 调至零，调节电枢电源的电压为220V，调节校正直流测功机的励磁电流 I_{f2} 为校正值（100mA），再调节其负载电阻 R_2 和电机的磁场调节电阻 R_{f1}，使电机达到额定值，即 $U=U_N$，$I=I_N$，$n=n_N$。此时 M 的励磁电流 I_f 即额定励磁电流 I_{fN}。

（3）保持 $U=U_N$，$I_f=I_{fN}$，I_{f2} 为校正值不变的条件下，逐次减小电机负载。测取电机电枢输入电流 I_a，转速 n 和校正电机的负载电流 I_f（由校正曲线查出电机输出对应转矩 T_2）。共取数据 7 组，记录于表 1－10 中。

表 1－10　直流并励电机控制实验数据存放表（1）

实验数据	I_a/A							
	n/(r·min^{-1})							
	I_f/A							
	T_2/(N·m)							
计算数据	P_2/W							
	P_1/W							
	η/%							
	Δn/%							

其中 $P_2=0.105n\cdot T_2$，电机输入功率 $P_1=U\cdot I$，输入电流 $I=I_a+I_{fN}$，电机效率 $\Delta n\%=\frac{n_0-n_N}{n_N}\times100\%$，转速变化率 $\eta=\frac{P_2}{P_1}\times100\%$

（4）结合表 1－10 中的数据，绘出直流并励电机调速特性曲线 $n=f(U_a)$ 和 $n=f(I_f)$。

2. 直流并励电机的调速

1）电枢绕组串接电阻调速

（1）直流电机 M 运行后，将电阻 R_1 调至零，I_{f2} 调至校正值，再调节负载电阻 R_2、电枢电压及磁场电阻 R_{f1}，使 M 的 $U=U_N$，$I_a=0.5I_N$，$I_f=I_{fN}$，记下此时 MG 的 I_f 值。

（2）保持此时的 I_f 值（即 T_2 值）和 $I_f=I_{fN}$ 不变，逐次增加 R_1 的阻值，降低电枢两端的电压 U_a，将 R_1 从零调至最大值，每次测取电机的端电压 U_a，转速 n 和电枢电流 I_a。

（3）共取数据 7 组，记录于表 1－11 中。

表 1－11　直流并励电机控制实验数据存放表（2）

U_a/V							
n/(r·min^{-1})							
I_a/A							

2）改变励磁电流的调速

（1）直流电机运行后，将 M 的电枢串联电阻 R_1 调至零并将磁场调节电阻 R_{f1} 调至最大，将 MG 的磁场调节电阻 I_{f2} 调至校正值，再调节 M 的电枢电源调压旋钮和 MG 的负载，使电动机 M 的 $U=U_N$，$I_a=0.5I_N$，记下此时的 I_f 值。

（2）保持此时 MG 的 I_f 值（T_2 值）和 M 的 $U=U_N$ 不变，逐次增加磁场电阻阻值，直至 $n=1.3n_N$，每次测取电动机的 n、I_f 和 I_a。共取数据 7 组，记录于表 1－12 中。

表 1－12　直流并励电机控制实验数据存放表（3）

$n/(\text{r}\cdot\text{min}^{-1})$							
I_f/mA							
I_a/A							

五、注意事项

（1）直流并励电机起动时，需将励磁回路串联的电阻 R_{f1} 调至最小，先接通励磁电源，使励磁电流最大，同时必须将电枢串联起动电阻 R_1 调至最大，然后方可接通电枢电源，使电机正常起动。起动后，将起动电阻 R_1 调至零，使电机正常工作。

（2）直流并励电机停机时，必须先切断电枢电源，然后断开励磁电源。同时必须将电枢串联的起动电阻 R_1 调回到最大值，将励磁回路串联的电阻 R_{f1} 调回到最小值。给下次起动作好准备。

（3）测量前注意仪表的量程、极性及其接法是否符合要求。

直流电机系列

生产机械对电机的要求是各种各样的，若要求每台电机都能恰好在额定状态下运行，就需要成千上万种规格的电机，这在实际中是不能实现的，也是不经济的。为了合理地选择电机，电机制造厂生产了多种系列的电机。

系列电机即在应用范围、结构形式、性能水平和生产工艺等方面有公共性，功率按照一定比例递增并成批生产的电机。我国目前生产的直流电机主要有以下几个系列。

1. Z3 系列

该系列为一般用途的小型直流电机系列，是一种基本系列。“Z”表示直流，“3”表示第三次改型设计。

该系列容量为 0.4～200kW，电机的电压为 110V 或 220V，发电机的电压为 115V 或 230V。其通风形式为防护式。

2. ZF 和 ZD 系列

该系列为一般用途的中型直流电机系列。“F”表示发电机，“D”表示电动机。该系列容量为 55kW（320r/min）～1 450kW（1 000 r/min），电机的电压为 220V、330V、440V、600V，发电机的电压为 230V、350V、460V、660V。通风形式为开启式和管道通风防护式，电动机为强迫通风式。

3. ZZJ 系列

该系列为起重、冶金用直流电机系列。电压有 220V 和 440V 两种。励磁方式有串励、并励、复励三种。工作方式有连续、短续和断续三种，基本形式为全封闭自冷式。此外还有 ZQ 直流牵引电机系列及 Z－H 和 ZF－H 船用电动机和发电机系列等。

【思考与练习二】

1. 直流电机由哪几个部分构成？各有什么作用？

2. 在直流电机中，为什么要用电刷和换向器，它们起什么作用？

3. 直流电机有哪些励磁方式？请画图说明。

4. 一台直流电机，已知额定功率 $P_N = 160kW$，额定电压 $U_N = 230V$，额定转速 $n_N = 2\ 850r/min$，额定效率 $\eta_N = 85\%$。求直流电机的额定电流 I_N 和额定负载时的输入功率 P_1。

5. 直流电机是如何旋转起来的？

6. 直流电动机与直流发电机的工作原理有什么不同？

7. 什么是固有机械特性？什么是人为机械特性？他励直流电机的固有机械特性和各种人为机械特性各有何特点？

8. 他励直流电机的额定功率 $P_N = 10kW$，额定电压 $U_N = 220V$，额定转速 $n_N = 1\ 500r/min$，额定电流 $I_N = 53.4A$，$R_a = 0.4\Omega$。求直流他励电机额定运行时的转速、理想空载转速，并画出机械特性曲线。

9. 直流电机为什么不能直接起动？如果直接起动会出现什么后果？

10. 直流电机的起动方法有哪几种？简述其各自的特点。

11. 已知直流他励电机的额定电压 $U_N = 220V$，额定电流 $I_N = 207.5A$，内阻 $R_a = 0.067\Omega$，求：

（1）电机直接起动时的起动电流 I_{st}；

（2）如果限制起动电流为 $1.5I_N$，电枢回路应串入多大的限流电阻？

12. 已知直流他励电机的额定功率 $P_N = 7.5kW$，额定电压 $U_N = 110V$，额定转速 $n_N = 750r/min$，额定电流 $I_N = 85.2A$，内阻 $R_a = 0.13\Omega$，采用 3 级起动，最大起动电流为 $2I_N$，求各级起动电阻。

13. 怎样改变电机的转向？

14. 直流电机有哪几种调速方法？其各有什么特点？

15. 一台直流他励电机的额定功率 $P_N = 30kW$，额定电压 $U_N = 220V$，额定转速 $n_N = 1\ 000r/min$，额定电流 $I_N = 158.5A$，内阻 $R_a = 0.1\Omega$，$T_L = 0.8T_N$，求：

（1）电机的转速；

（2）当电枢回路串入 0.3Ω 电阻时电机的转速；

（3）电压降到 188V 时，降压瞬间的电枢电流和降压后的转速；

（4）将励磁磁通减弱至 80% 额定磁通时电机的转速。

16. 一台直流他励电机的额定功率 $P_N = 4kW$，额定电压 $U_N = 110V$，额定转速 $n_N = 1\ 500r/min$，额定电流 $I_N = 44.8A$，内阻 $R_a = 0.23\Omega$。电机带额定负载运行，若使转速下降至 800r/min，问：

（1）当采用电枢串接电阻的调速方法时，在电枢回路中应串入多大的电阻？

（2）若采用降压调速的方法，加在电机电枢上的电压是多大？

17. 直流电机的制动方法有哪些？简述其各自的特点。

项目三　三相交流异步电机

【学习目标】

（1）了解三相交流异步电机的基本组成结构；

（2）熟悉三相交流异步电机的铭牌数据及其含义；

（3）了解三相交流异步电机的工作原理及运行特性；

（4）掌握三相交流异步电机的控制方式。

【技能目标】

（1）能够按照相关行业及国家规范与标准对三相交流异步电机进行拆装；

（2）能够利用浙江天煌教学仪器 DDSZ－1 型电机及电气技术实验装置进行三相交流异步电机的控制实验。

【相关知识点】

子项目一　初识三相交流异步电机

任务一　三相交流异步电机的结构和铭牌

三相交流异步电机是工业生产、交通运输和家庭生活中各种电气设备的拖动装置，没有三相交流异步电机，工业生产的“母机”——机床，就没有了动力，交通运输设备就无法正常工作，人们的正常生活就无法得到保障。因此对工业生产中的电机进行定期保养、维护和检修，是保证电力拖动机械设备正常工作的先决条件。

一、三相交流异步电机的结构

三相交流异步电机主要由两大部分组成，一是固定不变的部分，简称为定子；二是可以自由旋转的部分，简称为转子。在定子和转子之间还有一个很小的气隙。此外，三相交流异步电机还有端盖、轴承和风扇等部件，具体的内部结构如图 1－44 所示。

三相交流异步电机只有定子绕组与交流电源连接，转子是自行闭合的。虽然定子绕组和转子绕组在电路上是分开的，但两者却在同一磁路上。

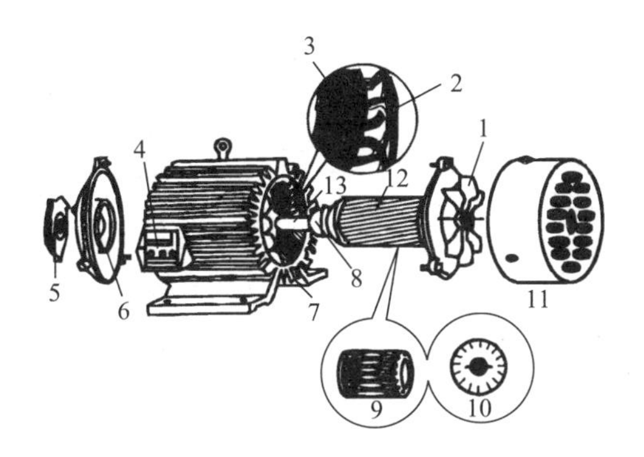

图 1-44　三相交流异步电机的内部结构

1—风扇；2—定子绕组；3—定子铁芯；4—接线盒；5—轴承盖；6—端盖；7—机座；
8—轴承；9—笼型绕组；10—转子铁芯；11—罩壳；12—转子；13—转轴

1. 定子

三相交流异步电机的定子主要由定子铁芯、定子绕组和机座等构成。

1）定子铁芯

定子铁芯是电机主磁路的一部分，用来放置定子绕组。为了减小交变磁场在铁芯中的磁滞和涡流损耗，定子铁芯通常采用导磁性能良好、厚度为 0.35～0.5mm 硅钢片冲制涂漆叠压而成。为了放置定子绕组，硅钢片的内圆表面冲有均匀分布的槽，如图 1-45 所示。

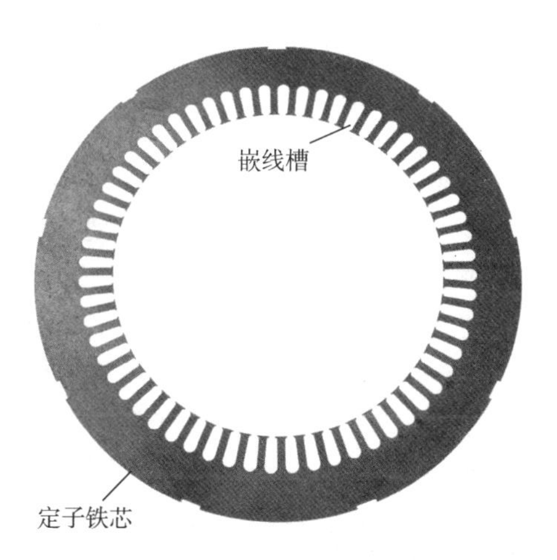

图 1-45　定子铁芯硅钢片

2）定子绕组

定子绕组是电机定子的电路部分，其作用是通入三相对称交流电后产生旋转磁场。定子绕组是使用绝缘铜线绕制而成的，三相绕组对称地嵌放在定子铁芯槽内。三相交流异步电机定子绕组是一个三相对称绕组，它由三个完全相同的绕组所组成，每个绕组即一相，三个绕组在空间相差 120°电角度。

三相交流异步电机定子绕组的三个首端 U1、V1、W1 和三个末端 U2、V2、W2，都是从机座上的接线盒中引出的，根据电动机的容量和需要，定子绕组可以接成星形（Y）或三角形（△），具体接线图如图 1-46 所示。

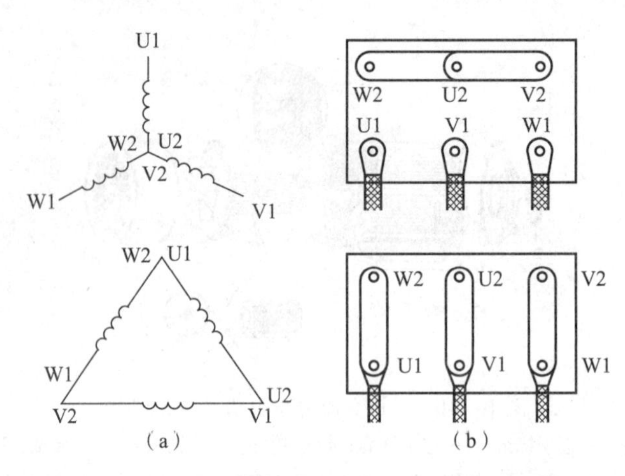

图1－46　定子绕组接线图

(a) 原理接线图；(b) 接线盒内接线图

3）机座

机座是电机的外壳和支架，它的作用是固定和保护定子铁芯、定子绕组，并支撑端盖，所以要求机座具有足够的机械强度，中小型电机机座一般采用铸铁铸造，大型电机的机座采用钢板焊接而成。

2. 转子

转子是三相交流异步电机的转动部分，它是在定子绕组旋转磁场的作用下获得一定的转矩而旋转起来的。转子由转子铁芯、转子绕组和转轴等组成。

1）转子铁芯

转子铁芯是电机主磁路的一部分，通常由厚度为0.35～0.5mm的硅钢片叠压而成。中小型异步电机的转子铁芯一般都直接固定在转轴上，而大型异步电机的转子铁芯则套在转子支架上，然后把支架固定在转轴上。

2）转子绕组

转子绕组是闭合的，它是转子的一部分。它的作用是在旋转磁场的作用下，产生感应电动势和感应电流，由此获得一定的电磁转矩。按照转子绕组结构形式的不同，可将转子分为绕线型和笼型两种，两种转子绕组类型的结构如图1－47所示。

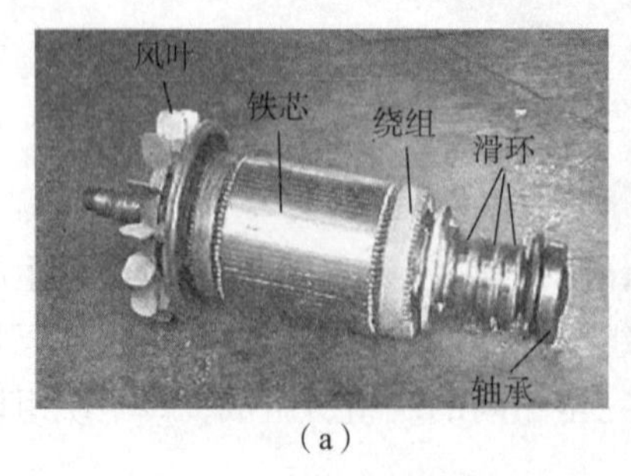

(a)

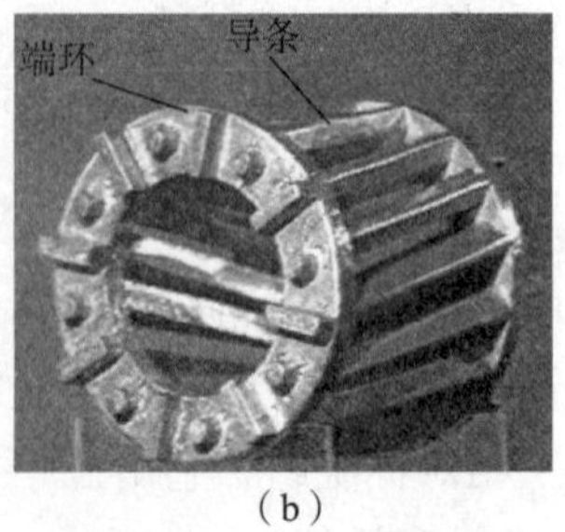

(b)

图1－47　转子绕组的结构

(a) 绕线型转子绕组的结构；(b) 笼型转子绕组的结构

绕线型转子绕组与定子绕组相似，是一个对称三相绕组，嵌放在转子铁芯槽内，三相转子绕组通常接成星形，三个末端连接在一起，三个首端分别与转轴上的三个集电环相连，通过集电环和电刷连接到外电路的变阻器上，以便改善电机的起动和调速性能。绕线型转子绕组外电路电阻的接线如图 1－48 所示。

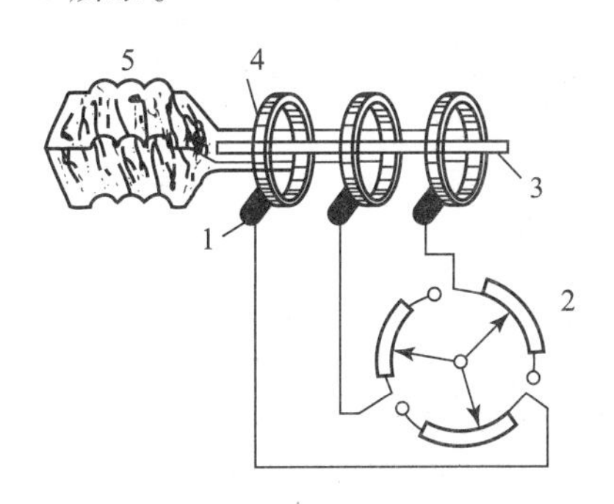

图 1－48　绕线型转子绕组外接变阻器的等效电路

1—电刷；2—变阻器；3—轴；4—集电环；5—绕组

笼型转子绕组是由安放在转子铁芯槽内的裸导线和两端的短路环连接而成，转子绕组就像一个“鼠笼”的形状，故称为笼型转子绕组。

3）转轴

转轴是支撑转子铁芯和输出转矩的部件，它必须具有足够的刚度和强度，转轴一般用中碳钢车削而成，轴伸端铣有键槽，用来固定带轮或联轴器。

3. 气隙

三相交流异步电机的定子与转子之间的空气间隙称为气隙，一般仅为 0.2～1.5mm，气隙的大小对电机的性能影响极大，气隙过大，则磁阻增大，电网提供的励磁电流增大，导致电机运行时的功率因数降低；气隙过小，会导致装配困难、运行不可靠及高次谐波磁场增强，从而使附加损耗增加，甚至会使电机的起动性能变差。电机的功率越大，气隙就越大。

二、三相交流异步电机的铭牌

三相交流异步电机的铭牌参数可以表示电机的性能、电气特征和工作特性等主要指标，每台三相交流异步电机的机座表面上都有一块铭牌，上面标注电机的型号、额定参数、接线方式、防护等级、绝缘等级、生产日期、标准编号及出厂编号等。下面以 Y112M－4 型电机为例来说明铭牌数据的含义，如图 1－49、图 1－50 所示。

三相异步电机

型号	Y112M-4	电压	380V	频率	50Hz
功率	4.0kW	电流	8.8A	绝缘等级	B级
转速	1440r/min	接法	△	工作方式	连续
产品编号	05638	重量	59kg		年 月

———— 电机厂

图 1－49　Y112M－4 型电机的铭牌

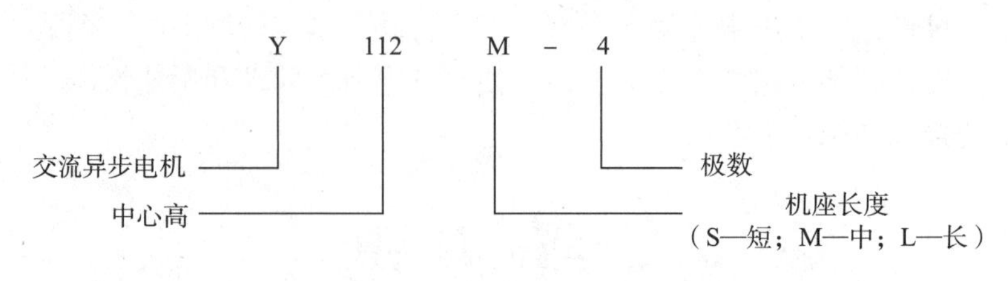

图 1-50　铭牌的含义

1. 型号

1）Y 系列

其为一般用途的小型笼型全封闭自冷式三相交流异步电机。Y 系列三相交流异步电机的额定电压为 380V，额定功率为 50Hz，功率范围为 0.55 ~ 315kW，同步转速为 600 ~ 3 000r/min。其主要用于金属切削机床、通用机械、矿山机械和农业机械等，也可用于拖动静止负载或用于惯性负载较大的机械，如压缩机、传送带、磨床、锤击机、粉碎机、小型起重机等运输机械等。

2）YR 系列

其为三相绕线型转子异步电机。YR 系列三相交流异步电机适用于电源容量小、不能用同容量笼型异步电机起动的生产机械。

3）YD 系列

其为变极多速三相交流异步电机。

4）YQ 系列

其为高起动转矩的三相交流异步电机，适用于起动静止负载或惯性较大的机械，如压缩机、粉碎机等。

5）YZ 和 YZR 系列

其为起重和冶金用的三相交流异步电机。YZ 系列为笼型异步电机，YZR 系列为绕线型转子异步电机。

6）YB 系列

其为防爆式笼型三相交流异步电机。

7）YCT 系列

其为电磁调速三相交流异步电机，主要用于纺织、印染、化工、造纸、船舶及要求变速的机械。

2. 额定频率

其为加在电机定子绕组上的允许频率，国产异步电机的额定频率为 50Hz。

3. 额定电压

其为定子三相绕组规定应加的线电压值，一般应为 380V。

4. 额定电流

其为电动机轴上输出额定功率时，定子电路取用的线电流。

5. 额定功率

其为电动机在额定转速下长期持续工作时，电动机不过热，轴上所能输出的机械功率。

$$P_N = \sqrt{3}U_N I_N \eta_N \cos\phi_N \tag{1-68}$$

式中，$\cos\phi$ 为额定功率因数；η_N 为额定效率。

根据电机额定功率，可求出电动机的额定转矩为：

$$T_N = 9\ 550\frac{P_N}{n_N} \tag{1-69}$$

式中，P_N 为额定功率（kW）；T_N 为额定转矩（N·m）；n_N 为额定转速（r/min）。

6. 额定转速

其为电机在额定负载时的转子转速。

7. 绝缘等级

绝缘等级是指电机内部所用绝缘材料允许的最高温度等级，它决定了电机工作时允许的温升。各种绝缘等级对应的温度见表 1－13。

表 1－13　绝缘等级

绝缘等级	A	E	B	F	H	C
允许最高温度/℃	105	120	130	155	180	180 以上
允许最高温升/℃	65	80	90	115	140	140 以上

三相交流电机采用哪种绝缘等级的材料，取决于电机的最高允许温度，如环境温度规定为 40℃，电机的温升为 90℃，则最高允许温度为 130℃，这就需要采用 B 级绝缘材料。

[例 1－7]　一台型号为 Y160M－4 的三相交流异步电动机，铭牌数据如下：$P_N = 15\text{kW}$，$U_N = 380\text{V}$，$\cos\phi_N = 0.88$，$\eta_N = 88.2\%$，定子绕组为三角形连接。求该电动机的额定电流及对应的相电流。

解： 该电动机的额定电流为：

$$I_N = \frac{P_N}{\sqrt{3}U_N \eta_N \cos\phi_N} = \frac{15\ 000}{\sqrt{3}\times 380\times 0.882\times 0.88}\text{A} = 29.4\text{A}$$

由电路的基本知识可知，在三角形连接的电路中，线电流等于相电流的 $\sqrt{3}$ 倍，所以相电流为：

$$I_{N\phi} = \frac{I_N}{\sqrt{3}} = \frac{29.4}{\sqrt{3}}\text{A} = 17\text{A}$$

任务二　三相交流异步电机的工作原理

三相交流异步电机是利用在定子绕组中通入对称三相交流电所产生的旋转磁场，与转子绕组中所产生的感应电流相互作用而获得一定的转矩来运行的。

一、三相交流电产生的旋转磁场

图 1－51 所示是一台最简单（每相 1 个线圈，共 3 个线圈，6 个槽）的三相交流异步电机的定子绕组空间分布图。三相定子绕组对称地放置在定子槽内，即三相绕组的首端 U1、V1、W1（或末端 U2、V2、W2）在空间位置上相差 120°。三相绕组为星形连接，末端 U2、

V2、W2 相连，首端 U1、V1、W1 连接到三相对称电源上。

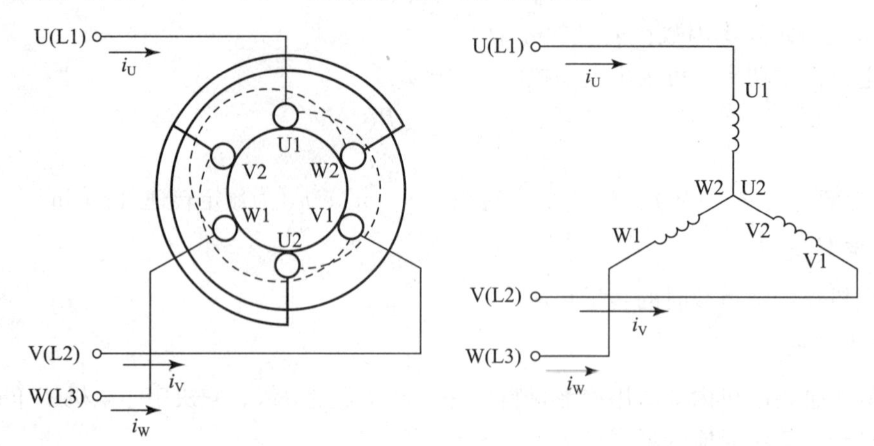

图 1-51　三相交流异步电机定子绕组分布图

将三相对称交流电流通入定子绕组，首先规定当电流为正时，电流由绕组的首端流入，末端流出；当电流为负时，电流由绕组的末端流入，首端流出。凡是电流流入端标记为⊗，凡是电流流出端标记为⊙。

接入的三相交流电如图 1-52 所示。当三相交流电流流入定子绕组时，各相电流均产生自己的交变磁场，同时也产生了合成磁场，即旋转磁场，那么如何产生旋转磁场的呢？现以三相正弦交流电为例，分析旋转磁场的形成过程。

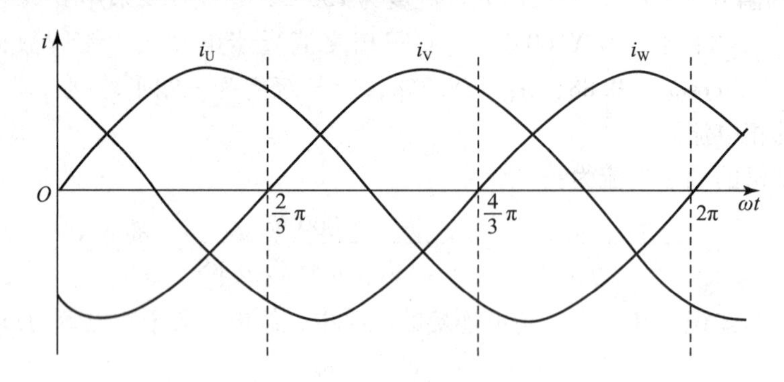

图 1-52　三相绕组中的电流波形

（1）当 $\omega t=0$ 时，U 相绕组内没有电流，V 相绕组内的电流为负值，这说明电流由 V 相绕组的末端 V2 流入，由首端 V1 流出；而 W 相绕组内的电流为正，这说明电流是由 W 相绕组的首端 W1 流入，由末端 W2 流出。此时，运用右手螺旋定则，可以确定这一时刻的合成磁场，如图 1-53（a）所示。

（2）当 $\omega t=\frac{2}{3}\pi$ 时，U 相绕组内的电流为正，这说明电流由 U 相绕组的首端 U1 流入，由末端 U2 流出；V 相绕组内没有电流，W 相绕组内的电流为负值，这说明电流由 W 相绕组的末端 W2 流入，由首端 W1 流出；此时，合成磁场如图 1-53（b）所示，可以看出合成磁场顺时针旋转了 120°。

（3）当 $\omega t=\frac{4}{3}\pi$ 时，U 相绕组内的电流为负值，这说明电流由 U 相绕组的末端 U2 流入，由首端 U1 流出；V 相绕组内电流为正值，这说明电流由 V 相绕组的首端 V1 流入，由末端 V2 流出；W 相绕组内的电流为零；此时，合成磁场如图 1－53（c）所示，可以看出合成磁场顺时针又旋转了 120°。

（4）当 $\omega t=2\pi$ 时，U 相绕组内没有电流，V 相绕组内的电流为负值，这说明电流由 V 相绕组的末端 V2 流入，由首端 V1 流出；而 W 相绕组内的电流为正，这说明电流是由 W 相绕组的首端 W1 流入，由末端 W2 流出。此时，合成磁场如图 1－53（d）所示，可以看出合成磁场顺时针又旋转了 120°。

综上所述，从电流变化的起始位置 $\omega t=0$ 到电流变化一个周期 $\omega t=2\pi$ 时，合成磁场顺时针旋转了 360°，即电流变化一个周期，合成磁场在空间上旋转一周。

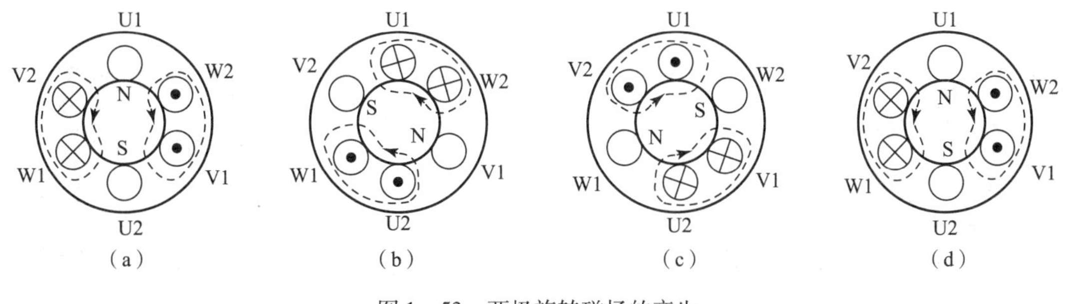

图 1－53　两极旋转磁场的产生

（a）$\omega t=0$；（b）$\omega t=\frac{2}{3}\pi$；（c）$\omega t=\frac{4}{3}\pi$；（d）$\omega t=2\pi$

以上分析是针对一对磁极（两极）的电机为例来分析旋转磁场的。随着定子绕组中三相对称交流电流的不断变化，在定子绕组中所产生的合成磁场也在空间上不断地旋转。由两极旋转磁场可以看出，电流变化一个周期时，合成磁场在空间上也旋转一周，且旋转方向与三相定子绕组中电流的相序有关。

上述电机的定子绕组每相只有 1 个线圈，三相定子绕组共有 3 个线圈，它们被放置于定子铁芯的 6 个槽内。当通入三相对称交流电流时，产生的旋转磁场相当于一对 N、S 磁极在旋转。若每相绕组由两个线圈串联组成，定子铁芯槽数则应为 12 个，每个线圈在空间上相隔 60°，如图 1－54 所示。其中，U 相绕组由 U1U2 和 U1′U2′两个线圈串联而成，V 相绕组是由 V1V2 和 V1′V2′两个线圈串联而成，W 相绕组是由 W1W2 和 W1′W2′两个线圈串联而成。当三相对称交流电流流过这些线圈时，便能产生两对磁极（四极）旋转磁场。

当 $\omega t=0$ 时，U 相绕组中无电流，V 相绕组中电流为负，电流由 V2′流入，由 V1 流出；W 相绕组中的电路为正，电流由 W1 流入，由 W2′流出。此时产生的合成磁场如图 1－55（a）所示。其他几个时刻的旋转磁场如图 1－55（b）、（c）、（d）所示。从图中不难看出，四极电动机（磁极对数 $p=2$）的旋转磁场在电流变化一个周期（360°）时，合成的旋转磁场在空间上只旋转了 180°。

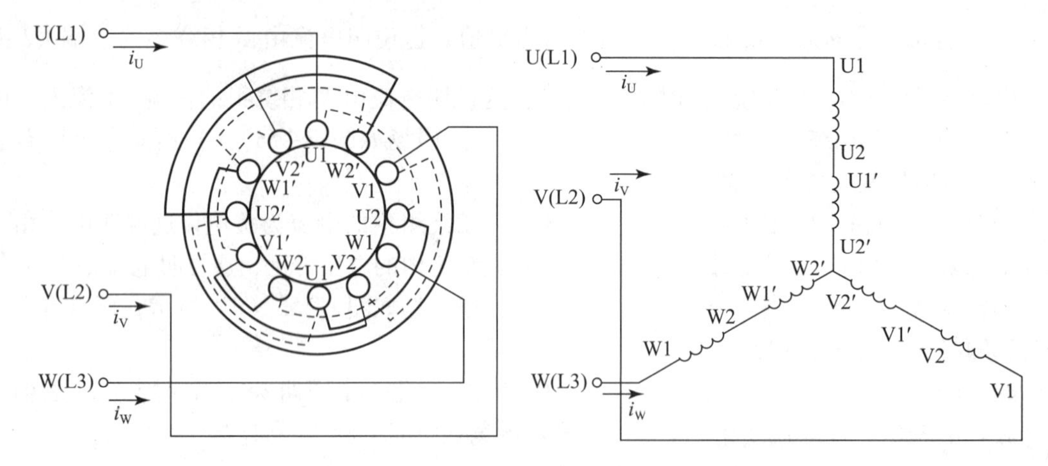

图 1－54　四极定子绕组空间分布

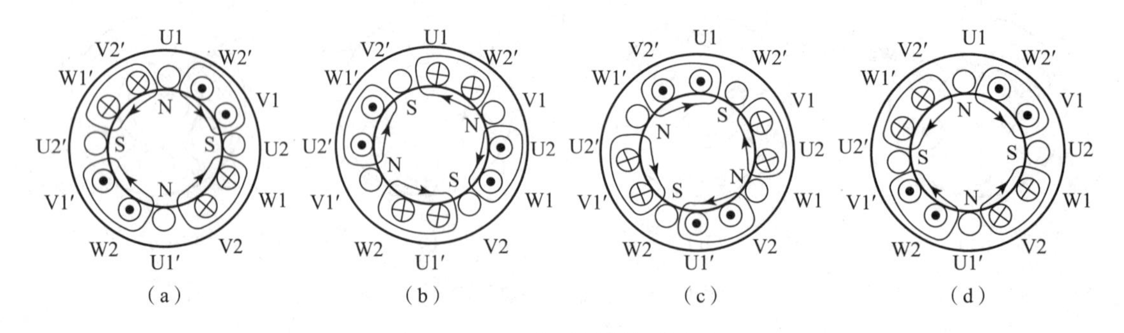

图 1－55　四极旋转磁场的产生

(a) $\omega t=0$；(b) $\omega t=\frac{2}{3}\pi$；(c) $\omega t=\frac{4}{3}\pi$；(d) $\omega t=2\pi$

二、旋转磁场的转速与转向

1. 旋转磁场的转速

电流变化一周时，两极（$p=1$）的旋转磁场在空间旋转一周，若电流的频率为 f_1，即电流每秒变化 f_1 周，旋转磁场的转速也为 f_1。通常转速是以每分钟的转数来计算的，若以 n_1 表示旋转磁场的转速（r/min），则 $n_1=60f_1$。

对于四极（$p=2$）旋转磁场，电流变化一周，合成磁场在空间只旋转了 180°（半周），则 $n_1=\frac{60f_1}{2}$。

上述两式可以推广到具有 p 对磁极的异步电机，其旋转磁场的转速（r/min）为：

$$n_1=\frac{60f_1}{p} \tag{1-70}$$

式中，n_1 为旋转磁场的转速，又称为同步转速（r/min）；f_1 为定子绕组中电流的频率（Hz）；p 为旋转磁场的磁极对数。

由此可见，旋转磁场的转速 n_1 取决于电流的频率 f_1 和电机磁极对数 p。我国的电源标准频率为 $f_1=50$Hz，因此不同磁极对数的电机所对应的旋转磁场转速也不同，见表 1－14。

表 1－14　f_1＝50Hz 时的旋转磁场转速

磁极对数 p	1	2	3	4	5	6
磁场转速/($r \cdot min^{-1}$)	3 000	1 500	1 000	750	600	500

2. 旋转磁场的转向

旋转磁场在空间上的旋转方向是由定子电流的相序决定的。当电流的相序为 U－V－W 时，则旋转磁场的转向为顺时针；如果将三相电源中的任意两相对调，如调换 W 相与 V 相，则电流的相序变为 U－W－V，此时旋转磁场的转向就为逆时针。

三、三相交流异步电机的工作原理

1. 转动原理

当向定子绕组通入对称的三相交流电流时，便在气隙中产生了旋转磁场。假设旋转磁场以 n_1 的速度顺时针旋转，则静止的转子绕组与旋转磁场之间就有了相对运动，这相当于磁场静止而转子绕组逆时针切割磁场运动，从而在转子绕组中产生了感应电动势，其方向可以用右手定则来确定，如图 1－56 所示。转子上半部分导体的感应电动势的方向是垂直纸面向外的，下半部分导体的感应电动势的方向是垂直纸面向里的。由于转子电路通过滑环连接而构成闭合回路，所以在感应电动势的作用下产生了转子电流 I_2，带有转子电流 I_2 的转子导体因处于磁场之中，又与磁场相互作用，必将受到电磁力的作用，从而形成电磁转矩，转子导体所受电磁力的方向可以根据左手定则来确定。电磁转矩的方向与旋转磁场的方向一致，这样转子就以一定的速度沿旋转磁场的旋转方向转动起来。

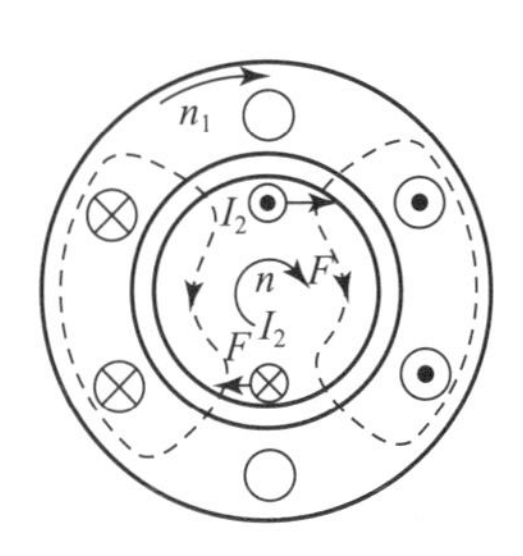

图 1－56　异步电机转子转动的原理

2. 转子的转速、转差率

从以上的分析可知，异步电机转子的旋转方向与旋转磁场的旋转方向一致，但转速 n 不可能达到与旋转磁场的转速 n_1 相等。因为产生电磁转矩需要转子中存在感应电动势和感应电流，如果转子转速与旋转磁场转速相等，两者之间就没有相对运动，转子导体将不能切割磁力线，则转子感应电动势、转子电流和电磁转矩都不存在，转子就不可能以转速 n 旋转运动了。所以转子转速 n 与旋转磁场转速 n_1 之间必须有差别，且 $n < n_1$。这就是“异步”电机名称的由来。另外，转子绕组中的感应电动势是通过电磁感应作用而产生的，所以异步电机也称为“感应”电机。

同步转速 n_1 与转子转速 n 之差称为转速差，转速差与同步转速的比值称为转差率，用 s 表示，即

$$s=\frac{n_1-n}{n_1}\times100\% \qquad (1-71)$$

转差率是分析异步电机运行情况的一个重要参数。如起动瞬间 $n=0$，$s=1$，转差率最大；空载时，n 接近 n_1，s 很小，在 0.005 以下；若 $n=n_1$，则 $s=0$，此时称为理想空载状态，这在实际运行中是不存在的。异步电机工作时，转差率在 1 和 0 间变化，当电动机在额定负载下工作时，此时的转差率称为额定转差率，用 s_N 表示，$s_N=0.01\sim0.07$。

[例 1-8] 一台三相异步电动机，定子绕组接到频率 $f_1=50$Hz 的三相对称电源上，已知它的额定转速 $n_N=960$r/min，求：

(1) 该电机的磁极对数 p 为多少？

(2) 额定转差率是多少？

解：(1) 由于三相异步电机的额定转差率很小，可以根据额定转速 $n_N=960$r/min 来估算旋转磁场的同步转速 $n_1=1\ 000$r/min，于是可以计算磁极对数为：

$$p=\frac{60f_1}{n_1}=\frac{60\times50}{1\ 000}=3$$

(2) 额定转差率：

$$s_N=\frac{n_1-n_N}{n_1}=\frac{1\ 000-960}{1\ 000}=4\%$$

[例 1-9] 某三相异步电机，电源频率 $f_1=50$Hz，空载转差率 $s_0=0.002\ 67$，额定转速 $n_N=730$r/min。试求：电机的极数 $2p$、同步转速 n_1、空载转速 n_0、额定转差率 s_N。

解：(1) 求电机极数 $2p$ 和同步转速 n_1。

异步电机满载时，三相异步电机的额定转速略小于磁场的同步转速，由此可知同步转速 $n_1=750$r/min。

旋转磁场的同步转速为

$$n_1=\frac{60f_1}{p}=\frac{60\times50}{p}=\frac{3\ 000}{p}=750\ (\text{r/min})$$

所以 $p=4$，$2p=8$。

(2) 额定转差率：

$$s_N=\frac{n_1-n_N}{n_1}\times100\%=\frac{750-730}{750}\times100\%=2.67\%$$

(3) 空载转速：

$$n_0=(1-s_0)\times n_1=(1-0.002\ 67)\times750=748\ (\text{r/min})$$

任务三　三相交流异步电机的机械特性

三相交流异步电机的机械特性是分析电机起动、调速和制动的基础，是研究电机带负载起动能力和过载能力的理论基础。

一、三相交流异步电机的电磁转矩

三相交流异步电机的机械特性是指加在定子绕组上的电压和频率为常数时，电机转子转速 n 与电磁转矩 T 之间的关系。

1. 电磁转矩的物理表达式

由于三相交流异步电机的电磁转矩是由转子电流与旋转磁场相互作用而产生的，所以，电磁转矩的大小与磁通量的大小及转子电流的有功分量成正比，即

$$T_e = k_T \Phi I_2 \cos\phi_2 \tag{1-72}$$

式中，T_e 为电磁转矩；k_T 为电磁转矩常数；$I_2\cos\phi_2$ 为转子电流的有功分量；

在式（1－72）中，I_2 和 $\cos\phi_2$ 都是随转差率 s 的变化而变化，因此电磁转矩也随转差率的变化而变化。

2. 电磁转矩的参数表达式

电磁转矩的物理表达式，没有反映电磁转矩的一些外部条件，如电源电压 U_1、转子转速 n_2 以及转子电路参数之间的关系，为了能够直接反映这些因素对电磁转矩的影响，经过推导（过程略），最后得出：

$$T_e = K'_T U_1^2 \frac{sR_2}{R_2^2 + (sX_{20})^2} \tag{1-73}$$

式（1－73）具体显示了电磁转矩与外加电压 U_1、转差率 s，以及与转子绕组的电阻 R_2 和漏感抗 X_{20} 之间的关系。

若定子电路的外加电压 U_1 及其频率 f_1 为定值，则 R_2 和 X_{20} 均为常数，因此，电磁转矩仅随转差率 s 而改变。把不同的 s 值（0～1）代入式（1－73）中，便可绘制出转矩曲线，如图 1－57 所示。

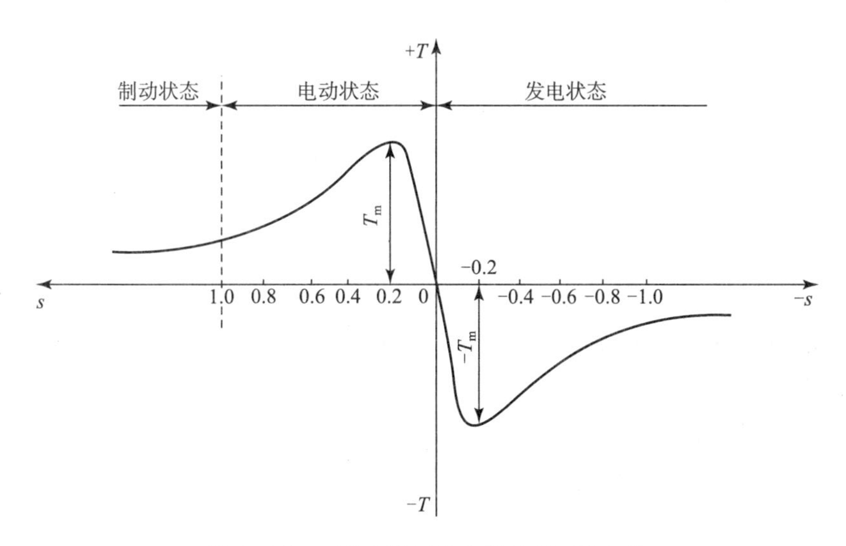

图 1－57　三相交流异步电机转矩特性曲线

从特性曲线可以看出，当 $s=1$ 时，即起动时，转子和旋转磁场之间的相对运动虽然最大，但是电机的电磁转矩并不是最大。这是因为，起动时虽然转子中感应电流 I_2 最大，但 $\cos\phi_2$ 却很小，它们的乘积 $I_2\cos\phi_2$ 不是很大，所以这时的电磁转矩不大。

3. 电磁转矩的实用表达式

$$T_e = \frac{2T_m}{\frac{s}{s_m}+\frac{s_m}{s}} \tag{1-74}$$

式中，T_m 为最大电磁转矩，$T_m = K'_T \frac{U_1^2}{2X_{20}}$；$s_m$ 为临界转差率，$s_m = \frac{R_2}{X_{20}}$。

二、三相交流异步电机的机械特性

1. 固有机械特性分析

在电力拖动中，为了便于分析，常把 $T=f(s)$ 曲线变换为 $n=f(T)$ 曲线，$n=f(T)$ 曲线称为电机的机械特性曲线，它反映了电机电磁转矩和转速之间的关系。若把 $T=f(s)$ 曲线中的横坐标 s 换算成转子的转速 n，并按照顺时针方向转过90°，即可看到异步电机的机械特性曲线，如图1-58所示。

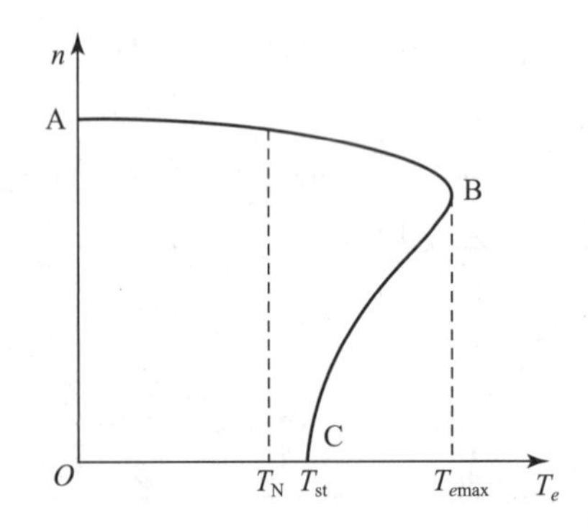

图1-58　三相交流异步电机的机械特性曲线

机械特性曲线分为以下两个区域：

(1) AB区域：在这个区域内，电机的转速 n 较高，s 值较小。随着 n 的减小，I_2 的增加大于 $\cos\phi_2$ 的减小，因而乘积 $I_2\cos\phi_2$ 增加，这使电磁转矩随转子转速的下降而则增大。

(2) BC区域：在这个区域内，电动机的转速 n 较低，s 值较大。随着 n 的减小，I_2 的增加小于 $\cos\phi_2$ 的减小，因而乘积 $I_2\cos\phi_2$ 减小，这使电磁转矩随转子转速的下降而则减小。

电机在接通电源刚起动的一瞬间，$n=0$，$s=1$，此时的转矩称为起动转矩 T_{st}。当起动转矩大于电机轴上的负载转矩时，转子便旋转起来，并逐渐加速，电机的电磁转矩沿着 $n=f(T)$ 曲线的C→B区域上升，经过最大转矩 T_{emax} 后又沿着B→A区域逐渐下降，直至 T_e 等于负载转矩 T_L 时，电机就以某一转速等速旋转。由此可见，只要异步电机的起动转矩大于轴上负载转矩，一经起动，便立即进入机械特性曲线的AB区域稳定地运行。

当电机稳定工作在AB区域后，如果负载增大，此时电机的转速下降，电磁转矩上升，从而与增加后的负载转矩保持在新的平衡点上。如果负载转矩的增加超过了最大转矩点，电机的转速将急剧下降，直到 $n=0$ “停车” 为止。因此，电机的工作区域都是在曲线AB之间，称此段为稳定工作区，而CB区域则是不稳定区。

机械特性曲线除了包含上述两个区域外，还有三个特殊点，即 T_{st}、T_{emax}、T_N 三点。T_N

是电机的额定转矩，它是电机轴上长期稳定输出转矩的最大允许值。由前述分析可知，T_N 应小于它的最大转矩 T_{emax}，如果把额定转矩设计得很接近最大转矩，则电机略为过载，导致停车。为此，要求电机应具备一定的过载能力。所谓过载能力，就是最大转矩 T_{emax} 与额定转矩 T_N 的比值，因此又称为电机的过载系数：

$$\lambda_m = \frac{T_{emax}}{T_N} \tag{1-75}$$

过载系数一般为 $\lambda_m = 1.6 \sim 1.8$。

为了反映电机起动性能，把它的起动转矩 T_{st} 与额定转矩 T_N 之比称为起动能力，即起动系数，用 λ_s 表示：

$$\lambda_s = \frac{T_{st}}{T_N} \tag{1-76}$$

起动系数一般为 $\lambda_m = 1.1 \sim 1.8$。

2. 人为机械特性分析

人为地改变异步电机定子电压 U_1、电源频率 f_1、定子磁极对数 p、定子回路电阻或电抗、转子回路电阻或电抗中的一个或多个参数，所获得的机械特性，称为人为机械特性。

（1）降低定子端电压的人为机械特性。

三相交流异步电机工作时，定子与转子绕组不串接附加电阻和附加电抗，只改变加在三相交流异步电机定子绕组上的电压，此时得到的机械特性曲线就是三相交流异步电机定子绕组降压的人为机械特性曲线，如图 1－59 所示。

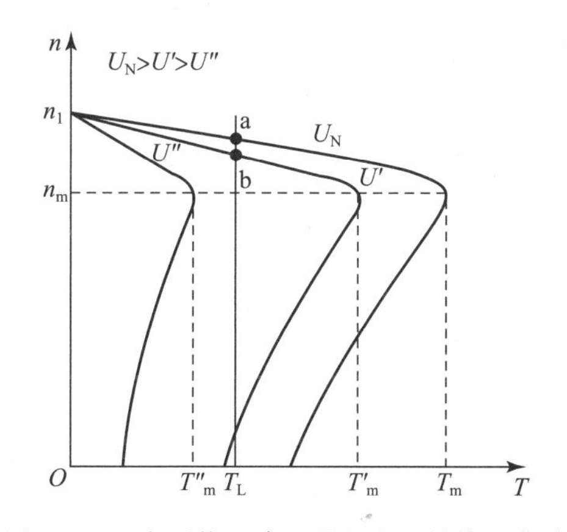

图 1－59　定子绕组降压的人为机械特性曲线

从机械特性参数方程可知，最大电磁转矩、起动转矩与定子电压的平方成正比。

如果电机在额定负载下运行，U_1 降低后将导致 n 下降，s 增大，转子电流将增大，导致电机过载。长期欠电压过载运行，必然使电机过热，缩短电机的使用寿命。另外，电压下降过多，可能会出现最大电磁转矩小于负载转矩的情况，这时电机将停转。

（2）转子回路串接对称三相电阻的人为机械特性。

三相交流绕线转子异步电机工作时，定子绕组加额定电压，定子绕组不串接附加电阻和附加电抗，只在转子绕组回路中串入电阻，此时得到的机械特性曲线即三相交流异步电机转子串接电阻的人为机械特性曲线，如图 1－60 所示。

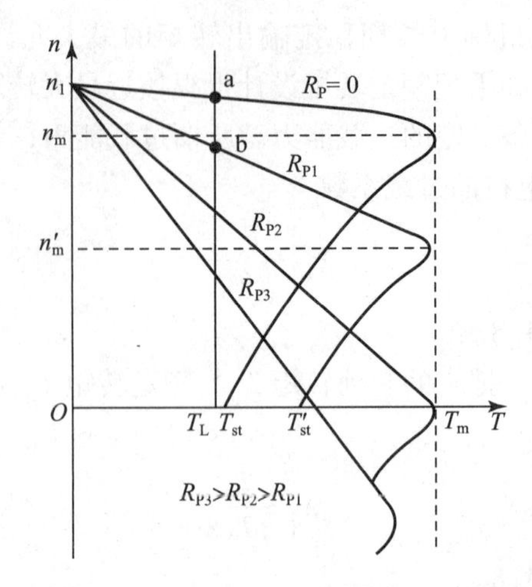

图 1-60　转子绕组串接电阻的人为机械特性曲线

其特点如下：转子串电阻后最大转矩不变，随着转子电阻的增加，起动转矩随着转子电阻的增大而增大。

［**例 1-10**］　有一台 Y225M-4 型三相异步电机，由铭牌上可知 $P_N=45\text{kW}$，$U_N=380\text{V}$，$n_N=1\ 480\text{r/min}$，起动转矩与额定转矩之比$\frac{T_{st}}{T_N}=1.9$，试求：

（1）额定转差率；

（2）起动转矩；

（3）如果负载转矩为 510N·m，问在 $U_1=U_N$ 和 $U_2=0.9U_N$ 两种情况下电机能否起动？

解：（1）由已知额定转速 $n_N=1\ 480\text{r/min}$ 可推算出同步转速 $n_N=1\ 500\text{r/min}$，所以

$$s_N=\frac{n_1-n_N}{n_1}\times100\%=\frac{1\ 500-1\ 480}{1\ 500}=1.3\%$$

（2）由已知条件可求额定转矩

$$T_N=9\ 550\frac{P_N}{n_N}=9\ 550\times\frac{45}{1\ 480}\text{N}\cdot\text{m}=290.4\text{N}\cdot\text{m}$$

再计算

$$T_{st}=1.9T_N=1.9\times290.4\text{N}\cdot\text{m}=551.7\text{N}\cdot\text{m}$$

（3）当 $U_1=U_N$ 时，$T_{st}=551.7\text{N}\cdot\text{m}>T_L=510\text{N}\cdot\text{m}$ 因此可以起动，当 $U_2=0.9U_N$ 时，$T_{st}=0.9^2\times551.7\text{N}\cdot\text{m}=446.9<T_L=510\text{N}\cdot\text{m}$，因此并不可以起动。

［**例 1-11**］　有一台三相 50Hz 绕线转子三相异步电机，额定功率 $P_N=100\text{kW}$，额定转速 $n_N=950\text{r/min}$，过载能力 $\lambda_m=2.4$，试求该电机的额定转矩和最大转矩。

解：

$$T_N=9\ 550\frac{P_N}{n_N}=9\ 550\times\frac{100}{950}\text{N}\cdot\text{m}=1\ 005.3\text{N}\cdot\text{m}$$

$$T_{emax}=\lambda_mT_N=2.4\times1\ 005.3\text{N}\cdot\text{m}=2\ 412.7\text{N}\cdot\text{m}$$

任务四　三相交流异步电机的拆装

对电机进行定期保养、维护和检修时，首先需要掌握其拆装的方法。如果拆装方法不当，就会造成电机部件损坏，从而引发新的故障。因此，正确拆卸电机是确保维修质量

的前提。

一、三相交流异步电机的拆卸

1. 拆卸前的准备

（1）切断电源，拆开电机与电源的连接线，作好与电源连接线相对应的标记，以免装配时搞错相序，并把电源连接线的线头作绝缘处理；

（2）备齐拆卸工具，特别是拉具、套筒等专用工具；

（3）熟悉被拆电机的结构特点和拆装要领；

（4）测量并记录联轴器或带轮与轴台间的距离；

（5）标记电源连接线在接线盒中的相序、电机的输出轴方向及引出线在机座上的出口方向。

2. 三相交流异步电机的一般拆卸步骤

如图 1 – 61 所示，电机的拆卸有以下几步：

（1）切断电源，卸下皮带；

（2）拆去接线盒内的电源接线和接地线；

（3）卸下底脚螺母、弹簧垫圈和平垫片；

（4）卸下皮带轮；

（5）卸下前轴承外盖；

（6）卸下前端盖，可用大小适宜的扁凿，插在端盖突出的耳朵处，按端盖对角线依次向外撬，直至卸下前端盖；

（7）卸下风叶罩；

（8）卸下风叶；

（9）卸下后轴承外盖；

（10）卸下后端盖；

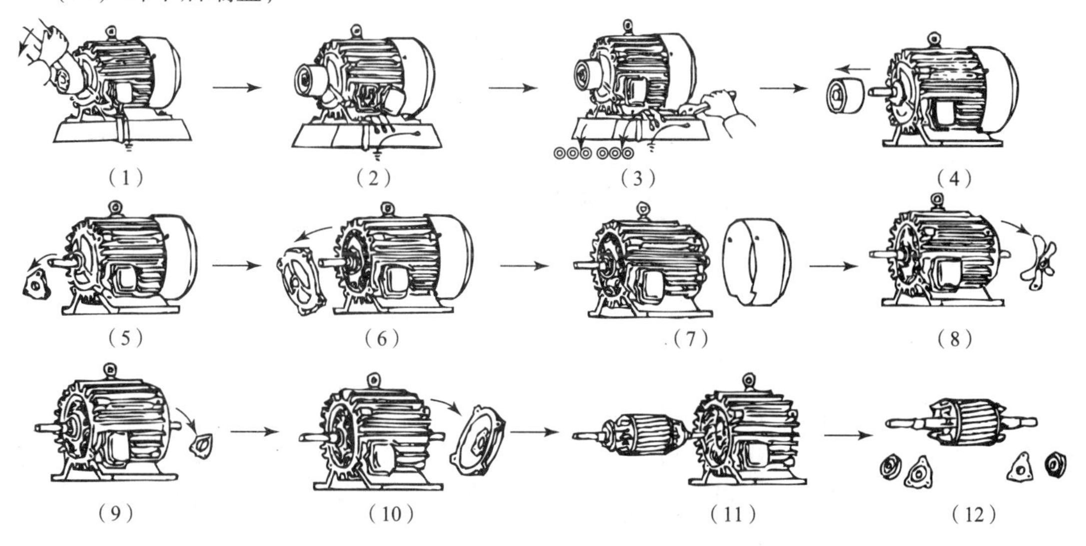

图 1 – 61　三相异步电机的拆卸步骤

（11）卸下转子，在抽出转子之前，应在转子下面和定子绕组端部之间垫上厚纸板，以免抽出转子时碰伤铁芯和绕组；

（12）最后用拉具拆卸前后轴承及轴承内盖。

3. 电机主要部件的拆卸方法

1）皮带轮或联轴器的拆卸。

先在皮带轮（或联轴器）的轴伸端（连轴端）作好尺寸标记，然后旋松带轮上的固定螺钉或敲去定位销，给带轮（或联轴器）的内孔和转轴结合处加入煤油，稍等渗透后，使锈蚀的部分松动，再用拉具将带轮（或联轴器）缓慢拉出，如图 1－62 所示。若拉不出，可用喷灯急火在带轮外侧轴套四周加热，加热时需用石棉或湿布把轴包好，并向轴上不断浇冷水，以免使其随同外套膨胀，影响带轮的拉出。

注意：加热温度不能过高，时间不能过长，以防变形。

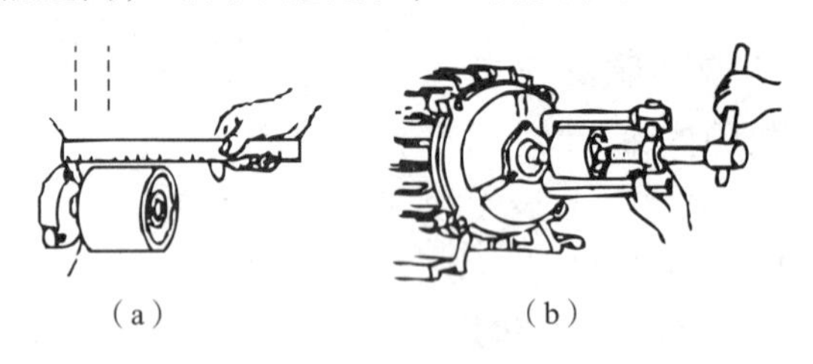

（a）　　（b）

图 1－62　三相异步电机拆卸轮带

（a）带轮的位置标记；（b）用拉具拆卸带轮

2）轴承的拆卸

轴承的拆卸可采取以下三种方法：

（1）用拉具进行拆卸。

将螺杆顶尖顶住电机转轴的中心，用工具转动螺杆，直到拆下轴承。拆卸时拉具钩爪一定要抓牢轴承内圈，以免损坏轴承，如图 1－63 所示。

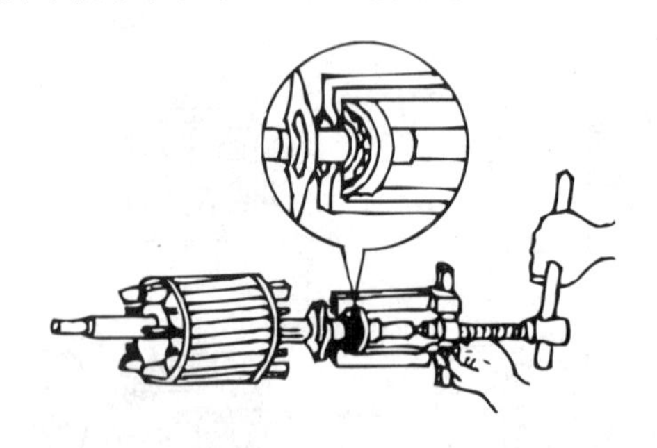

图 1－63　用拉具拆卸轴承

（2）用铜棒拆卸。

将铜棒对准轴承内圈，用锤子敲打铜棒，如图 1－64 所示。用此方法时要注意轮流敲打轴承内圈的相对两侧，不可敲打一边，用力也不要过猛，直到把轴承敲出为止。

在拆卸端盖内孔轴承时，可采用图 1－65 所示的方法，将端盖止口面向上平稳放置，在轴承外圈的下面垫上木板，但不能顶住轴承，然后用一根直径略小于轴承外沿的铜棒或其他金属管抵住轴承外圈，从上往下用锤子敲打，使轴承从下方脱出。

图 1－64　用铜棒拆卸轴承

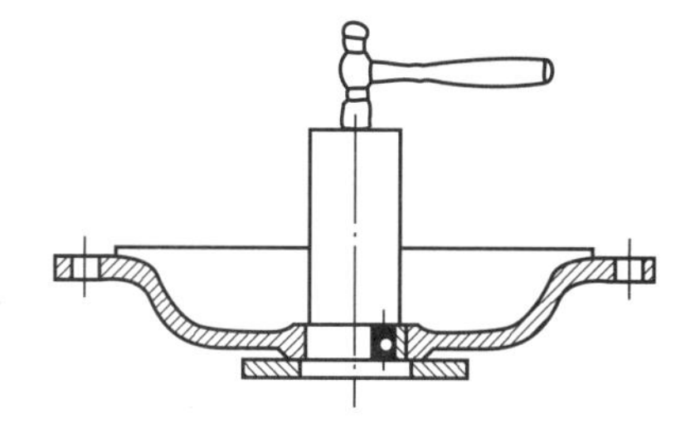

图 1－65　用铜棒拆卸端盖内孔轴承

（3）用铁板夹住拆卸。

用两块厚铁板夹住轴承内圈，铁板的两端用可靠支撑物架起，使转子悬空，如图 1－66 所示，然后在轴上端面垫上厚木板并用锤子敲打，直至使轴承脱出。

图 1－66　用铁板夹住拆卸轴承

3）转子的拆卸

在抽出转子之前，应在转子下面气隙和绕组端部垫上厚纸板，以免抽出转子时碰伤铁芯和绕组。对于小型电机的转子可直接用手取出，一手握住转轴，把转子拉出一些，随后另一手托住转子铁芯渐渐往外移，如图 1－67 所示。

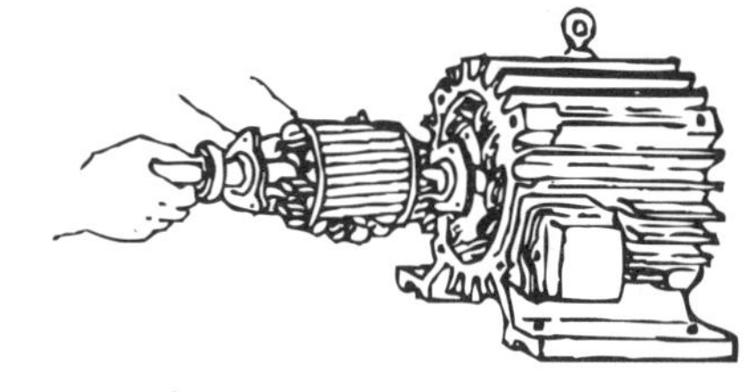

图 1－67　小型电机转子拆卸示意

当拆卸较大的电机转子时，可两人一起操作，每人抬住转轴的一端，渐渐地把转子往外移，若定子铁芯较长，有一端不好出力时，则可在转轴上套一节金属管，当作假轴，以方便出力。中型电机转子拆卸示意如图 1－68 所示。

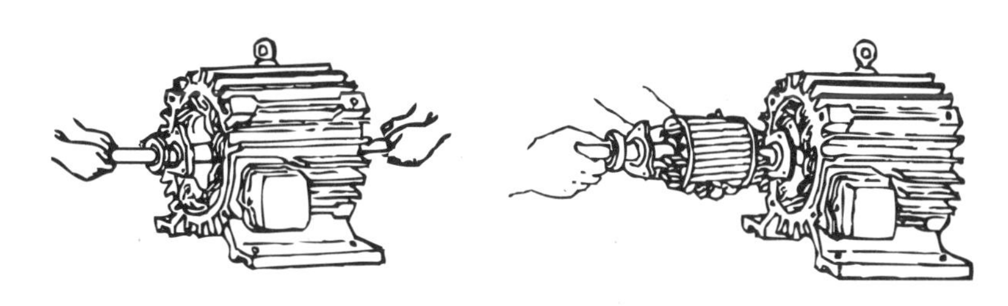

图 1－68　中型电机转子拆卸示意

对大型电机进行转子的拆卸则必须用起重设备吊出转子。

二、三相交流异步电机的装配

将电机正确拆卸后，还需要对其进行正确的装配。如果装配方法不当，就会造成部分部件损坏，引发新的故障。因此正确装配电机是确保维修质量的前提。

1. 装配前的准备工作

装配前，先备齐各种装配工具，将可清洗的零部件用汽油冲洗，并用棉布擦拭干净，再彻底清扫定、转子内部表面的尘垢。然后检查槽楔、绑扎带等是否松动，有无高出定子铁芯内表面的地方，并作好相应处理。

2. 装配步骤

按照与拆卸相反的顺序进行，并注意将各零部件按拆卸时所作的标记复位。

3. 主要部件的装配方法

1）轴承的装配

轴承的装配分冷套法和热套法。冷套法是先将轴颈部分擦拭干净，把清洗好的轴承套到轴上，对准轴颈，用一段铁管，其内径略大于轴颈直径，外径略大于轴承内圈的外径，铁管的一端顶在轴承的内圈上，用手锤敲铁管的另一端，把轴承敲进去。如果没有铁管，也可用铁条顶住轴承的内圈，对称地、轻轻地敲，轴承也能水平地套入转轴。其具体操作方法如图1－69所示。

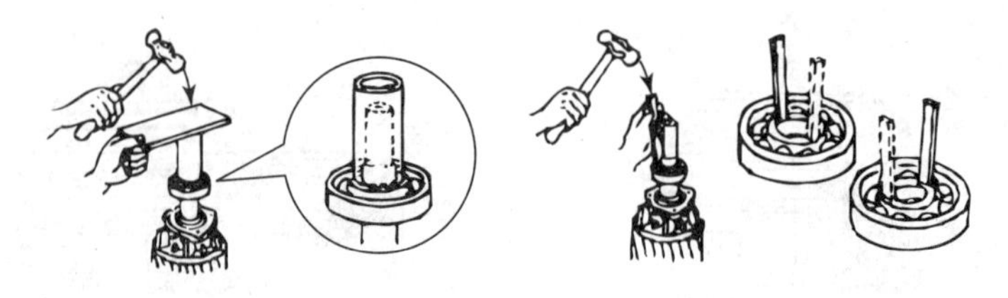

图1－69　冷套法安装轴承

如配合度较紧，为了避免把轴承内环胀裂或损伤配合面，可采用热套法。首先将轴承放在油锅（或油槽内）里加热，油的温度保持在100℃左右，轴承必须浸没在油中，又不能和锅底接触，可用铁丝将轴承吊起架空，如图1－70所示。加热要均匀，30～40min后，把轴承取出，趁热迅速地将轴承一直推到轴颈。

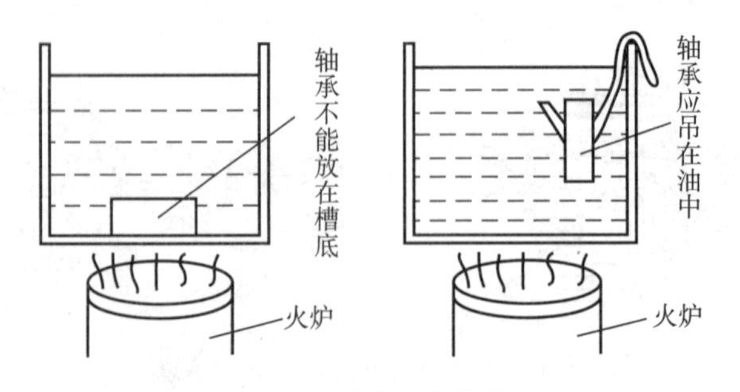

图1－70　热套法安装轴承

2）后端盖的装配

将轴伸端朝下垂直放置，在其端面上垫上木板，将后端盖套在后轴承上，用木锤敲打，把后端盖敲进去后，装轴承外盖。紧固内外轴承盖的螺栓时要注意对称地逐步拧紧，不能先拧紧一个，再拧紧另一个。

3）前端盖的装配

将前轴承内盖与前轴承按规定加够润滑油后，一起套入转轴，然后在前轴承内盖以及与之对应的前端盖上的两个对称螺孔中穿入铜丝拉住内盖，待将前端盖固定就位后，再将铜丝穿入前轴承外盖，并将其拉紧对齐。接着在未穿入铜丝的螺孔中拧进螺栓，带上丝扣后，抽出铜丝，最后给之前穿入铜丝的两个螺孔拧入螺栓，并依次对称地逐步拧紧。也可用一个比轴承盖螺栓更长的无头螺钉，先拧进前轴承内盖，再将前端盖和前轴承外盖相应的螺孔套在这个无头螺钉上，使内外轴承盖和端盖的对应孔始终拉紧对齐。待端盖到位后，先拧紧其余两个轴承盖的螺栓，再用第三个轴承盖螺栓换下开始时用来定位的无头长螺钉。

子项目二　三相交流异步电机的控制

任务一　三相交流异步电机的起动

电机接通三相电源后，开始起动，转速逐渐增高，一直到达稳定转速为止，这一过程称为起动过程。在生产过程中，电机经常要起动、停车，其起动性能的优劣对生产有很大的影响，所以，要考虑电机起动性能，选择合适的起动方法至关重要。

三相交流异步电机的起动性能，包括起动电流、起动转矩、起动时间和起动设备的经济性、可靠性等，其中最主要的是起动电流和起动转矩。起动性能的具体要求如下：

（1）电机应有足够大的起动转矩，以使起动时间尽量短；

（2）在保证足够的起动转矩的前提下，起动电流尽可能小；

（3）转速尽可能平滑上升，减少对电机及负载的冲击；

（4）起动设备尽量简单、经济、可靠、维护方便。

下面分析三相笼型异步电机的起动方法。

一、直接起动

直接起动也称全压起动，这种方法是在定子绕组上直接加上额定电压来起动的，其电路如图 1－71 所示。这是最简单的起动方法，起动过程不需要复杂的起动设备，但是它的起动性能与要求的起动性能相反，如下所示。

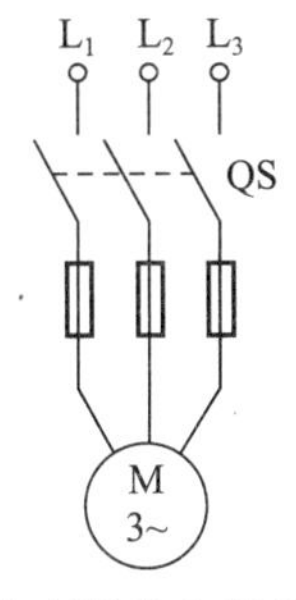

图 1－71　三相笼型异步电机机直接起动接线图

1. 起动电流过大

电机起动时，转差率 $s=1$，旋转磁场以最大的相对转速切割绕组。此时转子的感应电动势最大，转子电流也最大，而定子绕组中便跟着出现很大的起动电流 I_{st}，其值约为额定电流的4～7倍。

2. 起动转矩不大

由以上分析可见，笼型异步电机的直接起动，起动电流大，起动转矩不大，这样的起动性能是不理想的。过大的起动电流会使电源内部及供电线路上的电压降增大，这不仅会给电机本身带来不利影响，也会致使电网电压下降，因而影响接在同一线路的其他负载的正常工作，例如，使附近照明灯亮度减弱，使邻近正在工作的异步电机的转矩减小等。

因此直接起动一般只适用于小容量的异步电机。对于较大容量的异步电机，一般情况下可根据下列经验公式来确定起动方式：

$$\frac{3}{4}+\frac{S_N}{4P_N}\geqslant\frac{I_{st}}{I_N} \tag{1-77}$$

式中，S_N 为电源变压器的容量（kV·A）；P_N 为三相交流异步电机的额定功率（kW）；I_{st} 为起动电流（A）；I_N 为电机的额定电流（A）。

若式（1－77）成立，则电机可以直接起动，否则必须采用相应的措施减压后再进行三相异步电机的起动。

二、降压起动

降压起动的目的是限制起动电流。这种方法是在起动时利用起动设备，使加在电机定子绕组上的电压小于额定电压，待电机转速升到一定数值时，再给电机上加额定电压，保证电机在额定状态下稳定工作。所以在降压起动时，起动转矩也大大降低了。因此，这种方法仅适用于电机在空载或轻载情况下的起动。

常用的降压起动方法有下列几种。

1. 定子绕组串接电阻起动

定子绕组串接电阻起动就是电机起动时在其定子绕组上串接对称的电阻，其接线图如图1－72所示。

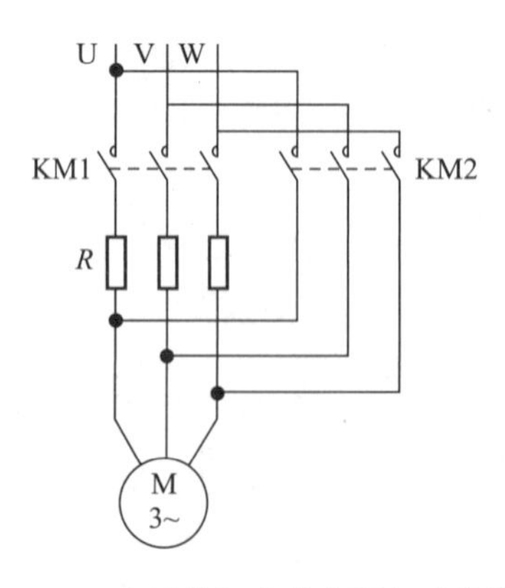

图1－72　定子绕组串接电阻起动接线图

起动时，通过控制设备使接触器 KM1 的主触头闭合，在电机的定子绕组中串入电阻 R，随着电机转速的升高，接触器 KM1 主触头断开，同时接触器 KM2 主触头闭合，切除串接在定子绕组上的电阻。

设电机在额定电压 U_N 下的起动电流为 I_{st}，起动转矩为 T_{st}；串入电阻 R 后的定子电压为 U_1，这时的起动电流为 I_{st1}，起动转矩为 T_{st1}，设电压下降倍数为 K（$K>1$），则

$$\frac{U_N}{U_1}=K$$

由于起动电流与起动电压成正比，起动转矩与起动电压的平方成正比，所以有：

$$\frac{I_{st}}{I_{st1}}=K$$

$$\frac{T_{st}}{T_{st1}}=K^2$$

2. Y－△减压起动工作原理

起动时，先将电路接成星形，起动后再改成三角形，由于绕组星形连接时的电压比绕组三角形连接时的电压低，所以整个过程在低电压下起动，在高电压下运行。Y－△减压起动接线图如图 1－73 所示。

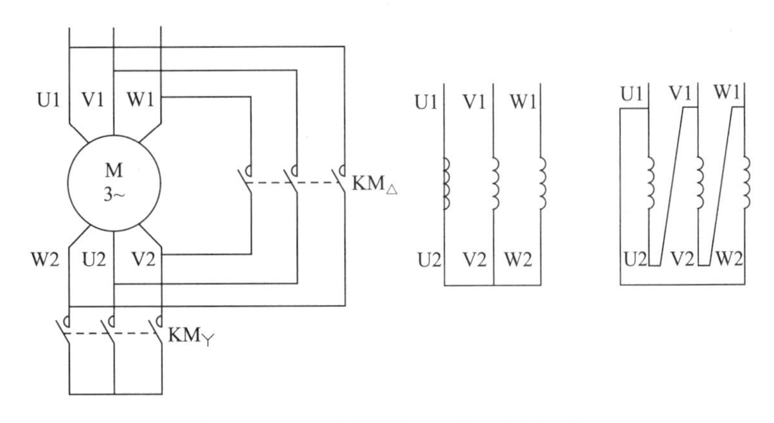

图 1－73　定子绕组Y－△起动接线示意

由于电动机Y－△减压起动时定子绕组为星形连接，绕组上所加的电压为相电压，起动完成后定子绕组为三角形连接，此时定子绕组上的电压为线电压，所以有

$$\frac{U_{st2}}{U_N}=\frac{U_Y}{U_\triangle}=\frac{1}{\sqrt{3}}$$

$$\frac{I_{st2}}{I_N}=\frac{I_Y}{I_\triangle}=\frac{1}{3}$$

$$\frac{T_{st2}}{T_{st}}=\left(\frac{U_Y}{U_\triangle}\right)^2=\frac{1}{3}$$

式中，U_{st2} 为Y－△减压起动时的起动电压，I_{st2} 为Y－△减压起动时的起动电流，T_{st2} 为Y－△减压起动时的起动转矩。

由上述分析可以看出，Y－△减压起动时，起动电流和起动转矩都降为直接起动的$\frac{1}{3}$。

Y－△减压起动操作方便，起动设备简单，因此应用广泛。但它仅适用于正常运行时定子绕组为三角形连接的电机，由于起动转矩为直接起动时的$\frac{1}{3}$，故这种方法多用于空载或轻载时的起动。

3. 自耦变压器降压起动

自耦变压器为三相中心抽头的变压器，异步电机应用该方法起动时，自耦变压器的一次侧接电源，二次侧接电机定子绕组；运行时，自耦变压器被切除，电机定子绕组直接接到电源上。自耦变压器减压起动的接线示意如图 1－74 所示。

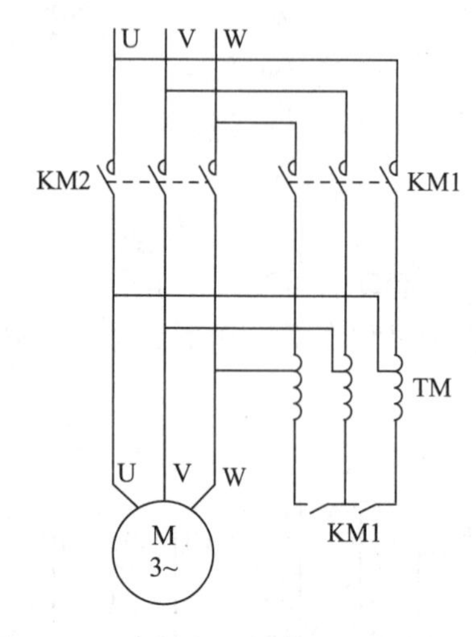

图 1－74　自耦变压器降压起动接线示意

设自耦变压器的电压比为 $K(K>1)$，设电机在额定电压 U_N 下的起动电流为 I_{st}，起动转矩为 T_{st}；串入自耦变压器后的定子电压为 U_1，这时的起动电流为 I_{st3}，起动转矩为 T_{st3}，则

$$\frac{U_N}{U_1}=K$$

$$\frac{I_{st}}{I_{st3}}=K^2$$

$$\frac{T_{st}}{T_{st3}}=K^2$$

采用自耦变压器减压起动时，起动电流和起动转矩都降低到直接起动的 $1/K^2$。

自耦变压器减压起动适用于容量较大的低压电动机，应用这种方法可以获得较大的起动转矩，且自耦变压器的二次侧一般有三个抽头，可以根据需要选用。这种起动方法在 10kW 以上的三相交流异步电机中得到了广泛的应用。

［例 1－12］　有一台 Y250M－4 三相异步电机，额定功率 $P_N=55$kW，额定电流 $I_N=103$A，$K_I=I_{st}/I_N=7$，$K_T=T_{st}/T_N=2$，若带有 0.6 倍额定负载转矩起动，宜采用Y－△起动还是自耦变压器起动（抽头为 65% 和 80%）

解：（1）若选用Y－△起动，则

起动电流为：$I_{st1}=\frac{1}{3}I_{st}=\frac{1}{3}\times 7\times I_N=2.33I_N$

起动转矩为：$T_{st1}=\frac{1}{3}T_{st}=\frac{1}{3}\times 2\times T_N=0.667T_N$

由于起动转矩 $0.667T_N>0.6T_N$ 负载转矩，因此可以起动。

（2）若选用抽头为65%的自耦变压器起动，则

起动电流为：$I_{st2}=0.65^2I_{st}=0.65^2\times 7\times I_N=2.96I_N$

起动转矩为：$T_{st2}=0.65^2T_{st}=0.65^2\times 2\times T_N=0.845T_N$

由于起动转矩 $0.845T_N>0.6T_N$ 负载转矩，因此可以起动。

（3）若选用抽头为80%的自耦变压器起动，则

起动电流为：$I_{st3}=0.8^2I_{st}=0.8^2\times 7\times I_N=4.48I_N$

起动转矩为：$T_{st3}=0.8^2T_{st}=0.8^2\times 2\times T_N=1.28T_N$

由于起动转矩 $1.28T_N>0.6T_N$ 负载转矩，因此可以起动。

结论：三者比较可以看出起动转矩均满足起动的需要，但是对于起动电流来说Y-△减压起动的起动电流更小一些，因此在确保能够起动的前提下选择起动电流较小的Y-△减压起动方法较为合适。

任务二　三相交流异步电机的调速

有些生产机械在工作中需要调速，例如，金属切削机床需要按被加工金属的种类、切削工具的性质等来调节转速。此外，起重运输机械等在快要停车时，应降低转速，以保证工作的安全。用人为的方法，在同一负载下使电机的转速从某一数值改变为另一数值，以满足工作的需要，这种情况称为调速。

由转差率公式 $s=\frac{n_1-n}{n_1}\times 100\%$ 和同步转速的公式 $n_1=\frac{60f_1}{p}$ 可知，电机的转速 n 与同步转速 n_1 之间的关系为：

$$n=(1-s)n_1=(1-s)\frac{60f_1}{p} \tag{1-78}$$

因此可以看出，三相交流异步电机调速有三种方法。

一、改变定子绕组磁极对数 *p*——变极调速

改变电机的磁极对数，就可以改变三相交流异步电机的同步转速，从而达到调速的目的。那么如何改变电机的磁极对数呢？

常用的办法就是通过改变定子绕组的接法，从而改变绕组内电流的方向，达到变磁极对数的目的。

改变磁极对数的电机多采用笼型电机，转子磁极数会随着定子磁极数的改变而改变，如图1-75所示。

图1-75中 a_1x_1 代表A相的半相绕组，a_2x_2 代表A相的另一半相绕组。从图中可以看出仅改变绕组的接线方式，电机的磁极对数就相应的发生了变化，从而使电机的转速发生变化。

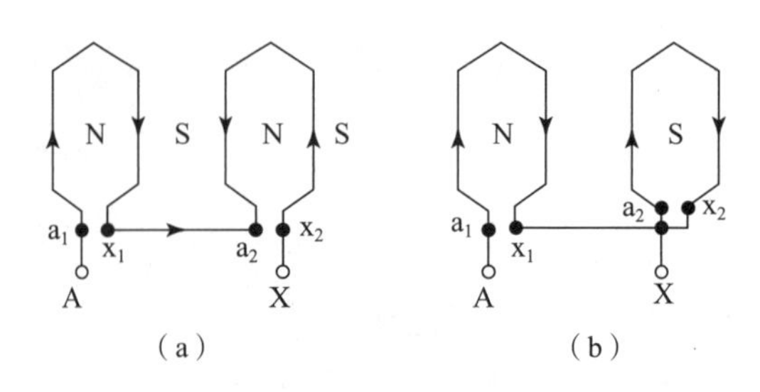

图1－75　三相异步电机变极前后定子绕组接线图

(a) $2p=4$；(b) $2p=2$

二、改变电机的转差率 s

改变电机的转差率可以通过改变转子串联电阻和改变定子绕组电压两种方法实现。

1. 改变转子串联电阻

变阻调速是通过改变电机转子电路的外接电阻实现的，因此只适用于绕线转子电机调速。电源电压保持不变，即电机的最大转矩不变，改变转子电路的外接电阻，则产生最大转矩时的转速也随之变化。对应同一负载转矩，就有不同的转速。这种调速方法简单方便，只需要在绕线型异步电机的转子电路中，接入一个调速变阻器，便可用它来进行调速。

2. 改变定子绕组电压

该方法主要适用于笼型异步电机。由于最大转矩与起动转矩与电压平方成正比，如当电压降低为额定电压的50%时，最大转矩和起动转矩则降到了降压前的25%。所以这种调速方式的起动能力与带负载能力都是较低的，其调速的机械特性曲线如图1－76所示。

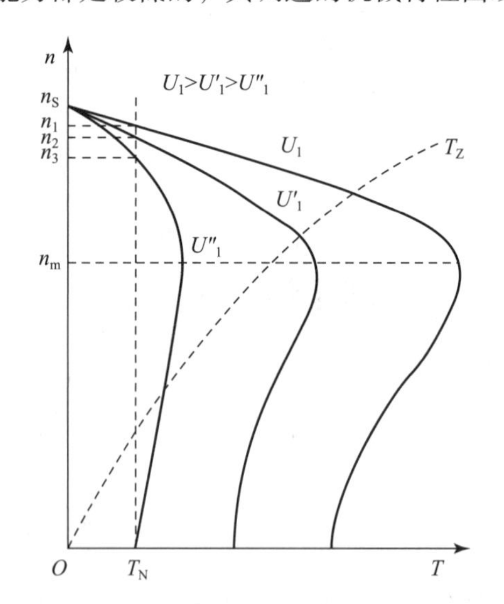

图1－76　定子绕组调压调速的机械特性曲线

由以上机械特性曲线可知，随着加在定子绕组上电压的降低，最大转矩、起动转矩都会减小，电机的带负载能力因此减弱，所以调压调速适用于因转矩降低而减小的负载。

三、改变电源的频率f_1——变频调速

当转差率 s 变化不大时，转速 n 基本上与电源频率f_1 成正比。连续调节电源频率，就可以平滑地改变电机的转速。但是单一地调节电源频率，将导致电机的运行性能恶化，其原因分析如下：

电机正常运行时，定子漏阻抗的压降很小，可以认为 $U_1 = 4.44 f_1 N_1 K_w \Phi$，式中，$U_1$ 为定子绕组电压，N_1 为导体总数，K_w 为绕组系数，Φ 为主磁通。

若定子绕组电压不变，则当电源频率f_1 减小时，主磁通 Φ 将增加，这将导致磁路过分饱和，励磁电流增大，功率因数降低，铁芯损耗增大；而当f_1 增大时，主磁通 Φ 将减小，电磁转矩及最大转矩下降，过载能力降低，电机的功率得不到充分利用。因此，为了使电机能保持较好的运行性能，要求在调节f_1 时，同时改变定子绕组的电压 U_1，从而确保 Φ 不变，以保证电机的过载能力不变。一般认为，在各种类型负载下对电机进行变频调速时，若能保持电机的过载能力不变，则认为电机的运行性能较为理想。为了实现以上功能，实际中专门用变频器对三相交流异步电机进行变频调速。

任务三　三相交流异步电机的制动与反转

一、三相交流异步电机的制动

电机与电源断开之后，由于转子有惯性，要经过一段时间后才停车。为了使电机迅速准确地停转，必须对电机实行制动，所谓三相交流异步电机的制动，是指在运行过程中产生一个与电机转向相反的电磁转矩。

制动方法很多，常用的制动方法有反接制动和能耗制动。

1. 反接制动

反接制动的电路原理图如图 1－77 所示。当电机由运行状态进入制动时，将开关 S 由上方位置扳向下方位置，由于电源的换相，旋转磁场便反向旋转，转子绕组中的感应电动势及电流的方向也都随之改变，此时转子所产生的转矩，其方向与转子旋转方向相反，故为制动转矩，在制动转矩的作用下，电机转速很快降到零。

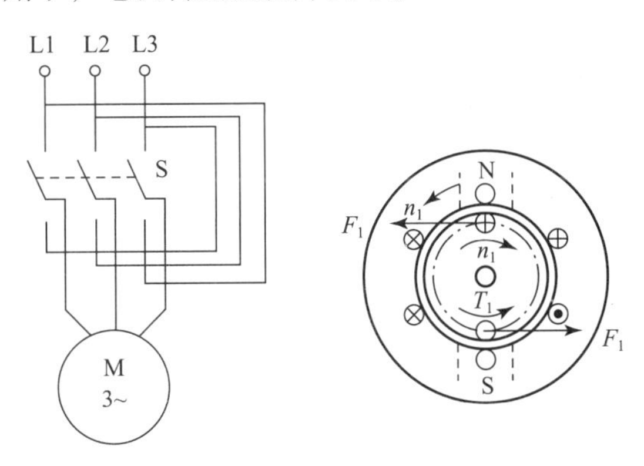

图 1－77　三相异步电机反接制动的原理

反接制动的优点是停车迅速，设备简易；其缺点是当电机的转速接近零时，应该立即切断电源，以免电机反向旋转。

2. 能耗制动

三相异步电机能耗制动的原理图如图 1－78 所示，当切断图中的开关 S 时，三相异步电机脱离三相电源后，可立即把 S 扳到向下的位置，使定子绕组中通过直流电，于是在电机内产生一个恒定的不旋转的磁场。此时转子由于机械惯性继续旋转，因而转子导线切割磁力线，产生感应电动势和电流。载有电流的导体在恒定磁场的作用下，受到制动力 F_1 的作用，产生制动转矩，使转子的转动迅速停止。

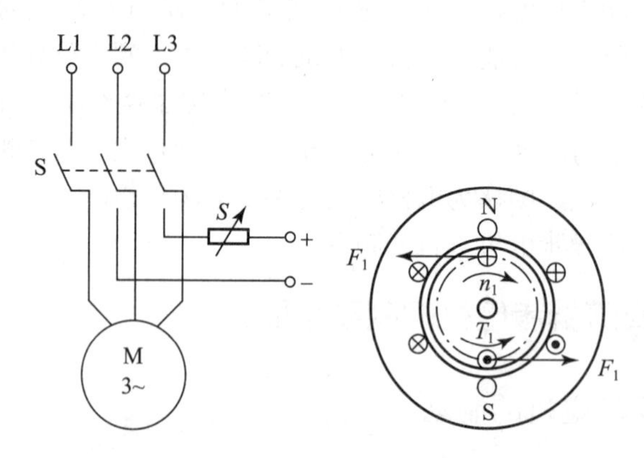

图 1－78　三相异步电机能耗制动的原理

这种制动方法是利用转子惯性转动切割磁通而产生制动转矩，把转子的动能消耗在转子回路的电阻上，所以称为能耗制动。它的优点是制动力较强，能耗少，制动较平稳，对电网及机械设备冲击小；但在低速时制动力矩也随之减小，不易制停，需要直流电源。

二、三相交流异步电机的反转

电机的反转就是使电机的旋转方向与初始状态相反。异步电机转子的旋转方向同旋转磁场的方向相同，因此只要通过控制电路改变加在电机定子绕组上的三相交流电源的任意两相的相序，即可实现电机的反转。

实验 8　三相异步电机的控制

一、实验目的

（1）通过实验掌握三相异步电机的起动方法；

（2）通过实验掌握三相异步电机的调速方法。

二、实验设备

序号	型号	名称	数量
1	DD03	导轨、测速发电机及转速表	1 件
2	DJ16	三相笼型异步电机	1 件
3	D31	直流电压、毫安、安培表	1 件
4	D43	自耦调压器	1 件
5	DJ17－1	起动与调速电阻箱	1 件

三、实验线路及原理

三相笼型异步电机的起动方式有直接起动和减压起动两种方式。

1. 直接起动

直接起动也称全压起动，这种方法是在定子绕组上直接加上额定电压来起动的。虽然直接起动过程不需要复杂的起动设备，但是起动电流大、起动转矩小是直接起动的缺点。三相笼型异步电机直接起动接线图如图 1－79 所示。

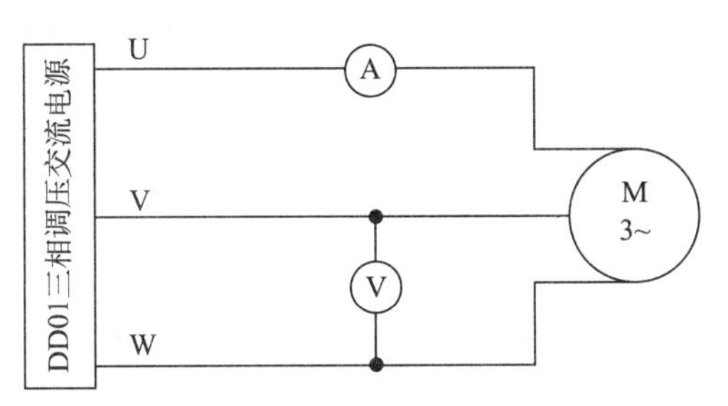

图 1－79　三相笼型异步电机直接起动接线图

2. Y－△减压起动

Y－△减压起动是减压起动中的一种，起动时，先将电路接成星形连接，起动后再改成三角形连接，由于绕组星型连接时的电压比绕组三角形连接时的电压低，所以整个过程在低电压下起动，在高电压下运行。Y－△减压起动接线图如图 1－80 所示。

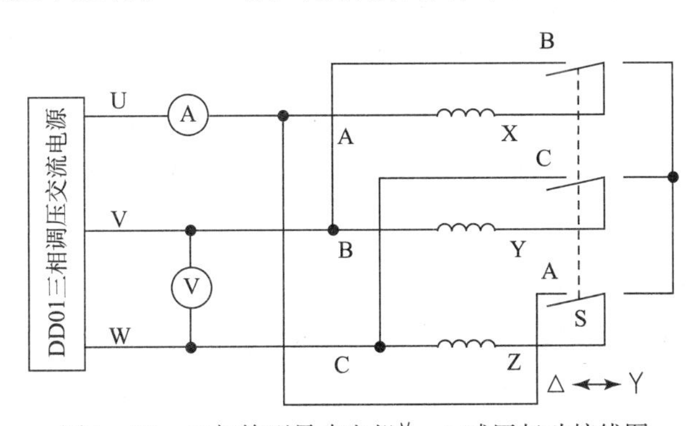

图 1－80　三相笼型异步电机Y－△减压起动接线图

3. 自耦变压器起动

自耦变压器起动也为减压起动的一种，由于自耦变压器为减压变压器，因此在起动时将变压器一次侧接电源，二次侧接电机定子绕组，运行时，自耦变压器被切除，这样可以保证在起动时获得比电机额定电压小的起动电压，控制起动电流在额定范围内变化。三相笼型导步电机自耦变压器减压起动接线图如图 1－81 所示。

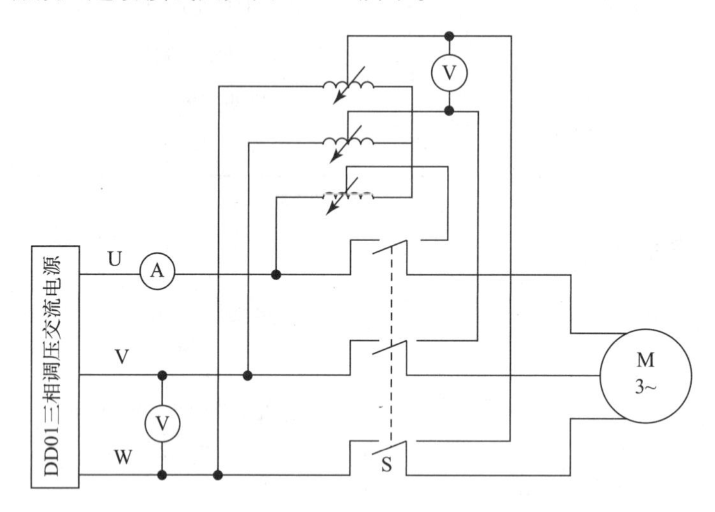

图 1－81　三相笼型异步电机自耦变压器起动接线图

四、实验内容及步骤

1. 直接起动

（1）按图 1－79 接线，接线完毕将交流调压器退到零位，开启钥匙开关，按下“启动”按钮，接通三相交流电源。

（2）调节调压器，使输出电压为电机额定电压 220V，使电机起动旋转。

（3）再按下“停止”按钮，断开三相交流电源，待电机停止旋转后，按下“启动”按钮，接通三相交流电源，使电机全压起动，观察电机起动瞬间电流值。

2. Y－△减压起动

（1）按图 1－80 接线，线接完毕把调压器退到零位。

（2）三刀双掷开关合向右边（Y接法）。合上电源开关，逐渐调节调压器，使之升压至电机额定电压 220V，使电机旋转，然后断开电源开关，待电机停转。

（3）合上电源开关，观察起动瞬间的电流，然后把 S 合向左边，使电机（Δ）正常运行，整个起动过程结束。观察起动瞬间电流表的显示值以与其他起动方法作定性比较。

3. 自耦变压器起动

（1）按图 1－81 接线。电机绕组为△接法（DJ16 或 WDJ24）。

（2）把三相调压器退到零位，开关 S 合向左边。自耦变压器选用 D43 挂箱。

（3）合上电源开关，调节调压器，使输出电压达电机额定电压 220V，断开电源开关，待电机停转。

（4）把开关 S 合向右边，合上电源开关，使电机由自耦变压器降压起动（自耦变压器抽头输出电压分别为电源电压的 40%、60% 和 80%）并经一定时间再把 S 合向左边，使电机按额定电压正常运行，整个起动过程结束。观察起动瞬间的电流以作定性的比较。

五、注意事项

（1）测量前注意仪表的量程、极性及其接法是否符合要求。

（2）如电机旋转方向不符合要求需调整相序时，必须按下“停止”按钮，切断三相交流电源。

【知识窗】

三相交流异步电机系列

交流电机按照外加电源的不同分为单相交流电机和三相交流电机，按照转轴的运动形式分为同步电机和异步电机。在工厂和实际生产中常用的是三相交流异步电机，它具有结构简单、工作可靠、维护方便、价格便宜等特点，但是其缺点是功率因数低，起动和调速的性能相对于同等容量的直流电机而言比较差。因此，三相交流异步电机广泛应用于对调速性能要求不高的场合，比如机床、生产线、水泵等。

我国生产的三相交流异步电机种类很多，使用场合和用途各不相同，一般用符号 Y 代表。

1. Y 系列

Y 系列全称为全封闭自扇冷式笼型转子三相交流异步电机，它具有高效、节能、起动转矩大、性能好、噪声低、振动小、可靠性高、使用维护方便等特点。其采用 B 级防护，外壳防护等级为 IP44。其应用于农业机械、机床、搅拌机等。

2. YVF 系列

YVF 系列全称为变频调速三相交流异步电机，它具有过载能力大、机械强度高、调速范围广、运行稳定的特点，电机噪声小、振动小，有助于节能和实现自动化控制。

3. YD 系列

YD 系列全称为变极调速电机，其具有性能优良，适用于矿山、冶金、纺织等需要分级变速的设备上。

4. YB 系列

YB 系列全称为防爆型三相交流异步电机，适用于有爆炸性气体混合物存在的场所。

5. YLB 系列

YLB 系列全称为立式深井泵用异步电机，该电机是驱动立式深井泵的专用电机，适用于广大农村及工地吸取地下水。

【思考与练习三】

1. 三相交流异步电机由哪几个部分构成？各有什么作用？

2. 三相异步电机铭牌上的额定电压和额定电流是什么意思？

3. 如何根据电机铭牌上的额定功率求额定转矩？

4. 一台型号为 Y132M－4 的三相交流异步电机，其额定参数为：$P_N=7.5kW$，额定电压 $U_N=380V$，额定转速 $n_N=1\ 440r/min$，额定效率 $\eta_N=87\%$，额定功率因数 $\cos\phi_N=0.82$。求其额定电流 I_N。

5. 产生旋转磁场的基本条件是什么？

6. 三相交流异步电机为什么会旋转？怎样改变它的转向？

7. 什么是异步电机的转差率？如何根据转差率来判断三相交流异步电机的运行状态？

8. 一台 6 极三相交流异步电机接于 $f_1=50Hz$ 的三相对称电源上，其 $s=0.05$，求此时的电机转子转速。

9. 三相交流异步电机定子绕组降压、转子绕组串接对称电阻时，其人为机械特性各有什么特点？

10. 某异步电机的 $\frac{T_{st}}{T_N}=1.3$，若把电机的电源电压降低 30%，若起动时，负载转矩 $T_L=0.5T_N$，问电机能否起动，为什么？

11. 一台三相异步电机，其频率 $f_1=50Hz$，额定转速 $n_N=2\ 890r/min$，额定功率 $P_N=7.5kW$，最大转矩 $T_{emax}=50.96N\cdot m$，求电机的过载能力。

12. Y355L－6 型异步电机的 $P_N=250kW$，$n_N=990r/min$，起动转矩倍数 $K_{st}=1.9$，过载能力 $K_m=2.0$，求：（1）在额定电压下的起动转矩和最大转矩；（2）当电网电压降为额定电压的 80% 时，该电机的起动转矩和最大转矩。

13. 简述三相交流异步电机的拆卸步骤。

14. 三相交流异步电机拆卸时都需要有哪些准备工作？

15. 装配一台三相交流异步电机需要哪些零部件及辅助材料？有哪些工艺？

16. 三相笼型异步电机采用自耦变压器减压起动时，起动电流和起动转矩与自耦变压器的电压比有什么关系？

17. 什么是三相异步电机的Y－△减压起动？它与直接起动相比，起动转矩与起动电流有什么变化？

18. 三相交流电机，$P_N=60kW$，$U_N=380V$，$I_N=136A$，$n_N=1\ 450r/min$，起动电流比为 $K_I=6.5$，起动系数 $\lambda_s=1.1$，求直接起动时的起动电流 I_{st} 和起动转矩 T_{st}。

19. 一台 Y280M－6 型电机，$P_N=55kW$，三角形连接方式，全压起动电流倍数 $K_I=7$，起动转矩倍数 $K_{st}=1.9$，电源容量为 945kV·A，若电机带额定负载起动，试问可以采用什么样的起动方法？

20. 三相交流异步电机有哪几种调速方法？各有什么特点？

21. 三相交流异步电机的制动方法有哪些？简述各自的特点。

22. 三相交流异步电机如何进行反转？

目前，企业大量采用了自动生产线、自动装配线、加工机床等设备，虽然在这些设备中广泛采用了以可编程序控制器等现代技术为核心的控制系统，但也有很大一部分小型设备仍然采用以三相交流异步电机作为原动机，而用继电器－接触器系统进行控制。本项目以自动运料系统和搅拌机两个电气控制装置为例，重点讲述常用低压电器原件的结构、工作原理、符号、电气控制线路原理图的设计、组装、调试等方法。

【学习目标】

（1）掌握常用的低压电器的结构、基本工作原理、作用、应用场合、主要技术参数、典型产品、图形符号和文字符号；

（2）掌握常用电气控制的典型环节，会识读、分析、设计基本电气控制线路及常用电气控制线路。

【技能目标】

（1）能正确辨识电气控制线路中的低压电器，会按照电气元件说明书查找型号、技术指标、接线方式；

（2）能够正确识读电气控制线路的原理图、布置图和安装接线图；

（3）能够按照实际生产规范要求，进行继电器－接触器控制电路的设计、组装、调试工作；

（4）能够利用浙江天煌教学仪器 DDSZ－1 型电机及电气技术实验装置进行三相交流异步电机控制实验。

【相关知识点】

项目一 自动运料系统电气控制电路的开发

利用三台电动机M1、M2、M3，组合成一个传输装置，将物料从高处送到低处。系统的具体要求如下：

（1）由电磁阀YV1控制下料。电磁阀YV1线圈接通，阀门打开下料；电磁阀YV1线圈失电，阀门关闭，停止下料。

（2）系统通电后，空车位信号指示灯HLG亮，容许空车开进来装料；当空车开至指定装料位置时，准备装料信号灯HLY亮，同时电铃响，提示工作人员准备装车。

（3）工作人员按下装车按钮，电铃停响，M3先启动，经4s后，M2启动，再过4s，M1启动，再经过4s，电磁阀YV1线圈通电，阀门打开，开始下料。同时空车位信号指示灯HLG、准备装料信号灯HLY熄灭，装料指示灯HGR亮。

（4）当料装满后，工作人员按下停装按钮，电磁阀及电动机的停止顺序与启动顺序相反，间隔时间仍为4s。停止下料后，空车位信号灯HLG亮，准备下一次的装料。

（5）任意一台电动机过载，首先电磁阀YV1失电关闭，4s后M1必须停车，4s后M2停车，然后4s后M3停车，以免继续送料造成货物堆积，电动机烧毁，影响皮带的工作情况。

从分析自动运料系统的任务要求可以看出其工作过程并不复杂。首先，三台电动机在相互配合完成物料的运输时，都要工作较长的一段时间，这就是电机的连续控制。另外三台电动机在起动时是按照一定的顺序原则逐台起动，在停止时也是按照对应的逆序逐台停止工作，电动机的这种控制方式称为顺序控制。

因此接下来将分别针对三相交流异步电动机的连续运转和多台电动机的顺序控制电路进行学习，掌握低压器件的选型以及电路的设计、组装、调试。

任务一 认识所涉及的低压器件

在电能的生产、输送、分配和应用中，电路中需要安装多种电气元器件，用来接通和断开电路，以达到控制、调节、转换及保护的目的。这些电气元器件统称为电器。凡在交流额定电压为1 200V、直流额定电压为1 500V以下由供电系统和用电设备等组成的电路中起通断、保护、控制和调节作用的电器都称为低压电器。

一、空气开关

空气开关称为断路器或自动开关，是一种既有开关作用又能进行自动保护的低压电器，当电路中发生短路、过载、欠电压等故障时能自动切断电路，主要用于不频繁地接通和分断电路及控制电动机的运行。

1. 结构及工作原理

常见的几种低压断路器的外形及符号如图2－1所示。

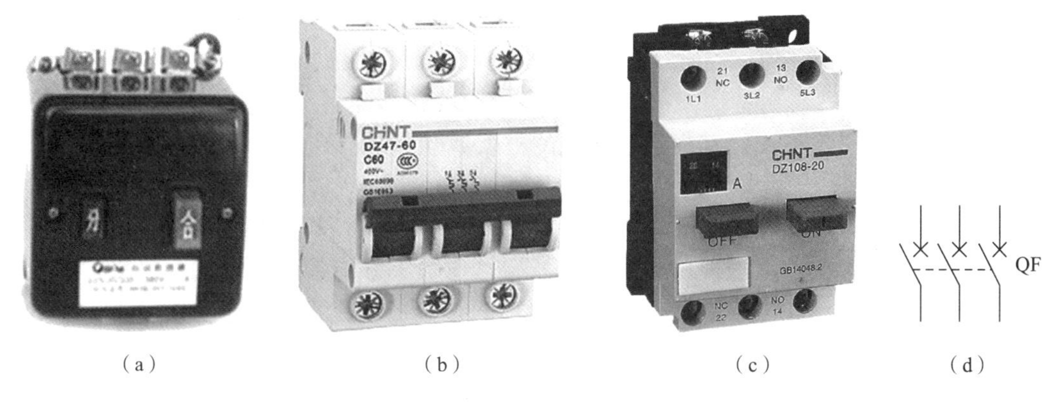

（a）　（b）　（c）　（d）

图 2－1　空气开关的外形和电气符号

（a）DZ5 系列；（b）DZ47 系列；（c）DZ108 系列；（d）电气符号

空气开关主要由以下部分组成：触头系统，用于接通或切断电路；灭弧装置，用来熄灭触头在切断电源时产生的电弧；传动机构，用来操作触头的闭合与分断；保护装置，当电路出现故障时，促使触头分断，快速切断电源。空气开关的结构如图 2－2 所示。

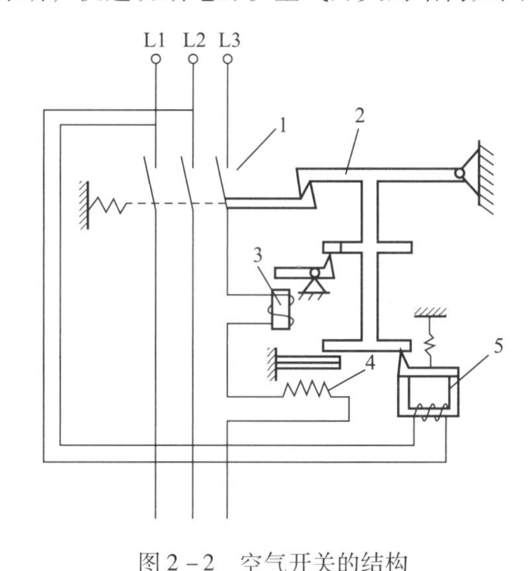

图 2－2　空气开关的结构

1—主触头；2—自由脱扣机构；3—过电流脱扣器；4—热脱扣器；5—失压脱扣器

空气开关的主触头是通过操作机构手动或电动合闸的，并且自由脱扣机构将主触头锁在合闸位置上。如果电路发生故障，自由脱扣机构在有关脱扣器的推动下动作，使钩子脱开，于是主触头在弹簧的作用下迅速分断。过电流脱扣器 3 的线圈和热脱扣器 4 的热元件与主电路串联，失压脱扣器 5 的线圈与电路并联。当电路发生短路或严重过载时，过电流脱扣器 3 的衔铁被吸合，使自由脱扣机构动作。当电路过载时，热脱扣器 4 的热元件产生的热量增加，使双金属片向上弯曲，推动自由脱扣机构动作。当电路失压时，失压脱扣器 5 的衔铁释放，也使自由脱扣机构动作。

2. 空气开关的主要技术参数

（1）额定电压：其指空气开关在规定条件下长期运行时所能承受的工作电压，一般指线电压，常用的有 220V、380V、500V、600V 等。

（2）额定电流：其指在规定条件下空气开关可以长期通过的电流，又称脱扣器额定电流。

（3）壳架等级额定电流：其指空气开关的框架或塑料外壳中能安装的最大脱扣器的额定电流。

（4）通断能力：其指在规定操作条件下，空气开关能接通和断开短路电流的值。

（5）动作时间：其指从出现短路的瞬间开始，到触头分离、电弧熄灭、电路被完全断开所需要的时间。一般空气开关的动作时间为 30～60ms，限流式和快速空气开关的动作时间通常小于 20ms。

（6）保护特性：其可由空气开关的动作时间与动作电流的关系曲线表示。

3. 空气开关的安装

空气开关垂直于配电板安装，将电源引线接到上接线端，将负载引线接到下接线端。空气开关作为电源总开关或电动机控制开关时，在电源进线侧必须加装刀开关或熔断器等，形成一个明显的断开点。

二、按钮

按钮是一种短时接通或分断小电流电路的电器，其触头允许通过的电流较小，一般不超过 5A，因此一般情况下它不直接控制主电路的通断，而是在控制电路中发出指令或信号控制接触器、继电器等电气线圈的通电（得电）或断电（失电），再由它们去控制电动机以及其他电气设备的运行。

1. 结构与工作原理

按钮一般由按钮帽、复位弹簧、动触头、静触头和外壳等组成。其外形和结构如图 2－3 所示。

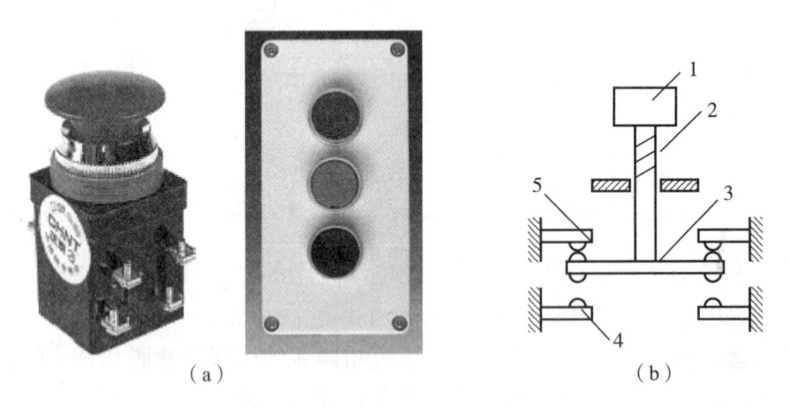

图 2－3　按钮的外形、结构

（a）按钮的外形；（b）按钮的结构

1—按钮帽；2—复位弹簧；3—动触头；4—常开静触头；5—常闭静触头

当按下按钮帽时，触头随着推杆一起往下移动，常闭触头分断；触头继续往下移动，直到和下面的一对静触头接触，于是常开触头接通。松开按钮后，复位弹簧使推杆和触头复位，常开触头恢复为分断状态，常闭触头恢复为接通状态。

按钮的文字符号为SB，其常开触头、常闭触头和复合触头的图形符号如图2－4所示。

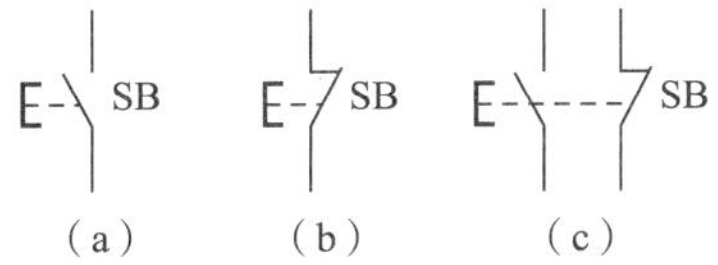

SB　　SB　　SB

（a）　　（b）　　（c）

图2－4　按钮的图形符号

（a）常开触头；（b）常闭触头；（c）复合触头

2. 按钮的类型及主要技术参数

常用的控制按钮有LA10、LA18、LA19、LA20及LA25等系列。其中LA18系列采用积木式结构，触头数目可按需要拼装至6常开6常闭，一般拼装成2常开2常闭。LA19、LA20系列有带指示灯和不带指示灯两种，前者按钮帽用透明塑料制成，兼作指示灯罩。按钮按照结构型式可分为开启式（K）、保护式（H）、防水式（S）、防腐式（F）、紧急式（J）、钥匙式（Y）、旋钮式（X）和带指示灯（D）式等。

为了区分各个按钮的功能及作用，常将按钮帽做成不同的颜色，以便操作人员识别从而避免误操作。如红色表示停车或紧急停车；绿色和黑色表示起动、点动或工作等；黄色则表示返回的起动、移动出界、正常。如有的急停按钮，为了快速和容易接触而带有一个蘑菇头。为防止突发事故对操作者和设备造成危害，生产设备常常设置急停按钮。

3. 检测

（1）万用表选择欧姆挡的“×100”或者“×1K”挡，并进行欧姆调零；

（2）将触头两两测量查找，未按下按钮时阻值为∞，而按下按钮时阻值为0的一对为常开触头；相反，未按下按钮时阻值为0，而按下按钮时阻值为∞的一对为常闭触头。其检测方法如图2－5所示。

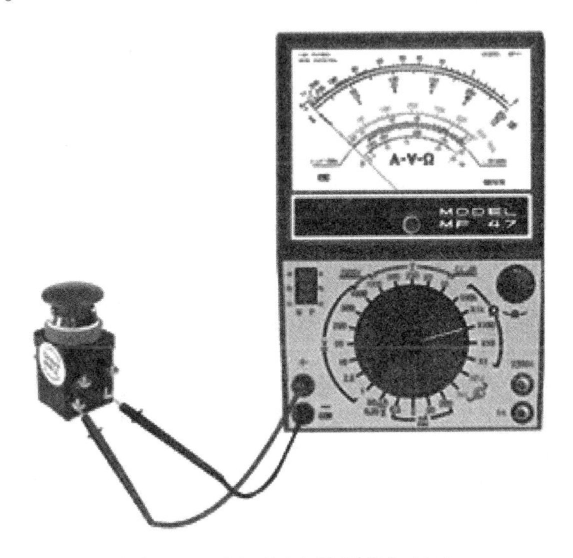

图2－5　用万用表检测按钮触头

三、交流接触器

接触器是一种用来自动接通或断开大电流电路并可实现远距离控制的低压电器。它不仅具有欠电压和失电压保护功能，而且还具有控制容量大、过载能力强、寿命长、设备简单经济等特点，因此在电力拖动控制电路中得到了广泛的应用。

按照主触头通过电流的种类不同，接触器分为交流接触器和直流接触器两类。电气控制电路中常用的一般是交流接触器。

1. 结构与工作原理

交流接触器主要由电磁机构、触头系统、灭弧装置等组成。交流接触器的结构如图 2－6 所示。

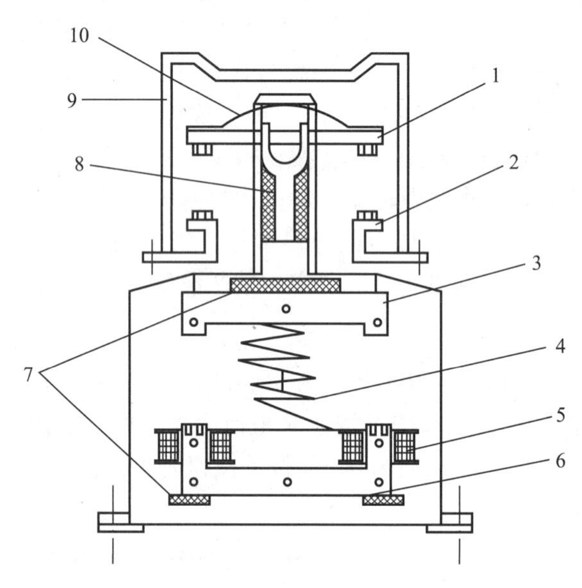

图 2－6　交流接触器的结构

1—动触头；2—静触头；3—衔铁；4—缓冲弹簧；5—电磁线圈；6—铁芯；7—垫毡；8—触头弹簧；9—灭弧罩；10—触头压力弹簧

电磁机构是由线圈、铁芯、衔铁组成的。接触器的触头有主触头和辅助触头两种。三对常开主触头主要用于控制主电路，允许通过较大的电流，按其容量大小有桥式触头和指形触头两种；辅助触头用在控制电路中，只允许小电流通过，辅助触头有常开与常闭之分。20A 以上的交流接触器有灭弧装置。

接触器当线圈通电后，在铁芯中产生磁场，于是在衔铁气隙处产生电磁吸力，使衔铁吸合，经传动机构带动主触头和辅助触头动作。而当接触器的电磁线圈断电或电压显著降低时，电磁吸力消失或减弱，衔铁在弹簧的作用下释放，使主触头与辅助触头均恢复到原来的初始状态。

交流接触器的文字符号为 KM，图形符号如图 2－7 所示。

2. 交流接触器的主要技术指标

1）额定电压

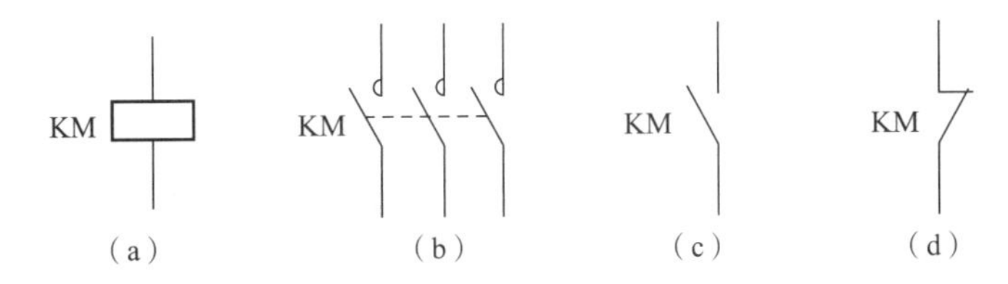

图 2-7　交流接触器的文字符号和图形符号

(a) 线圈；(b) 主触头；(c) 辅助常开触头；(d) 辅助常闭触头

额定电压是指交流接触器主触头的正常工作电压，该值标注在交流接触器的铭牌上。常用的额定电压等级有 127V、220V、380V 和 660V。

2）额定电流

额定电流是指交流接触器主触头正常工作时的电流，该值也标注在交流接触器的铭牌上。常用的额定电流等级有 10A、20A、40A、60A、100A、150A、250A、400A 以及 600A。

3）电磁线圈的额定电压

其指交流接触器电磁线圈的正常工作电压。常用的电磁线圈额定电压等级有 36V、127V、220V 和 360V。

4）通断能力

其由交流接触器主触头在规定条件下能可靠地接通和分断的电流值来表示。在此电流值下触头闭合时不会造成触头熔焊，触头断开时能可靠灭弧。

5）动作值

其由交流接触器主触头在规定条件下能可靠地接通和分断时线圈的电压值来表示。其可分为吸合电压和释放电压。吸合电压是指交流接触器吸合前，增加电磁线圈两端的电压，交流接触器可以吸合时的最小电压。释放电压是指交流接触器吸合后，降低电磁线圈两端的电压，交流接触器可以释放时的最大电压。一般规定，吸合电压不低于电磁线圈额定电压的 85%，释放电压不高于电磁线圈额定电压的 70%。

6）额定操作频率

其指交流接触器每小时允许的操作次数。交流接触器在吸合瞬间，电磁线圈要通过比额定电流大 5～7 倍的电流，如果操作频率过高，则会使电磁线圈严重发热，直接影响交流接触器的正常使用。为此，人们规定了交流接触器的额定操作频率，一般情况下，最高为 600 次/小时。

7）寿命

其包括电气寿命和机械寿命。目前交流接触器的机械寿命可达一千万次以上，电气寿命约为机械寿命的 5%～20%。

3. 型号

交流接触器的型号如图 2-8 所示。

我国常用的交流接触器主要有 CJ10、CJ12、CJXI、CJ20、CJ40 等系列及其派生系列产品。直流接触器有 CZ18、CZ21、CZ22、CZ10 和 CZ2 等系列。

例如 CJ10Z—40/3 为交流接触器，设计序号为 10，重任务型，额定电流为 40A，主触头为 3 极。CJ12—250A/3 为改型后的交流接触器，设计序号为 12，额定电流为 250A，有 3 个主触头。

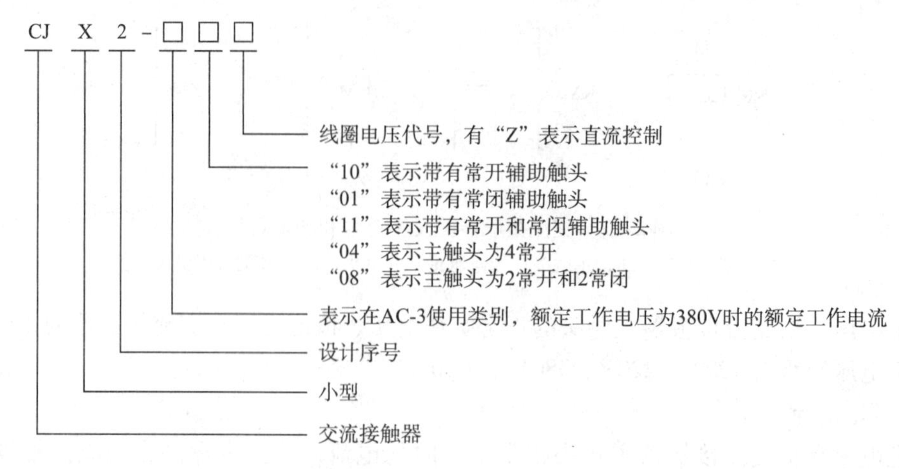

图2－8 交流接触器的型号

4. 检测

（1）外观检查，外壳有无裂纹，各接线桩螺栓有无生锈，零部件是否齐全。

（2）交流接触器的电磁机构动作是否灵活可靠，有无衔铁卡阻等不正常现象。检查接触器触头有无熔焊、变形、严重氧化锈蚀现象，触头应光洁平整、接触紧密，防止粘连、卡阻。

（3）用万用表检查电磁线圈的通断情况。线圈直流电阻若为零，则线圈短路，若为∞，则线圈断路，以上两种情况均不能使用。

（4）核对接触器的电压等级、电流容量、触头数目及开闭状况等。

四、热继电器

电动机在实际运行中通常会遇到过载的情况，在过载不严重、过载时间短且绕组温升不超过允许温升时，这种过载就是允许的。但如果过载情况严重且过载时间长，则会加速电动机绝缘的老化，缩短电动机的使用年限，甚至烧毁电动机。因此必须对电动机进行过载保护。

热继电器是根据电流通过发热元件所产生的热量，使检测元件的物理量发生变化，从而使触头改变状态的一种继电器。

1. 热继电器的结构及工作原理

热继电器的电气符号如图2－9所示。

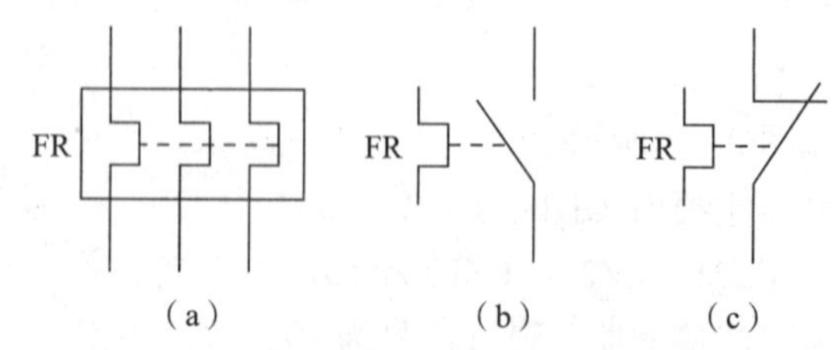

图2－9 热继电器的电气符号

（a）热继电器热元件；（b）热继电器的常开触头；（c）热继电器的常闭触头

热继电器的种类很多，如双金属片式、热敏电阻式、易熔合金式。应用最广泛的是基于双金属片的热继电器，其外形及结构如图 2－10 所示，它主要由热元件、双金属片和触头三部分组成。

主双金属片 11 与加热元件 12 串联后接于电动机定子电路，当流过过载电流时，主双金属片受热向左弯曲，推动导板 13，向左推动补偿双金属片 15，补偿双金属片与推杆 5 固定为一体，它可绕轴 16 顺时针方向转动，推杆推动片簧 1 向右，当向右推动到一定位置时，弓簧 3 的作用力方向改变，使片簧 2 向左运动，常闭触头 4 断开。片簧 1、2 与弓簧 3 构成一组跳跃机构，实现快速动作。

凸轮 9 是用来调节整定电流的。所谓整定电流，是指热继电器连续工作而不动作的最大电流。热继电器的整定电流的大小可通过旋转整定电流调节旋钮来调节，旋钮上刻有整定电流值标尺。为了减少发热元件的规格，要求热继电器的整定电流能在发热元件额定电流的 66%～100% 范围内调节。旋转凸轮 9，改变杠杆 7 的位置，也就改变了补偿双金属片 15 与导板 13 之间的距离，也就是改变了热继电器动作时主双金属片 11 弯曲的距离，即改变了热继电器的整定电流值。

补偿双金属片 15 可在规定范围内补偿环境温度对热继电器的影响。如果周围环境温度升高，主双金属片 11 向左弯曲的程度加大，此时，补偿双金属片 15 也向左弯曲，使导板 13 与补偿双金属片之间的距离不变。这样，热继电器的动作电流将不受环境温度变化的影响。有时可采用欠补偿，即同一环境温度下使补偿双金属片向左弯曲的距离小于主双金属片向左弯曲的距离，以便在环境温度较高时，热继电器动作较快，更好地保护电动机。

若要使热继电器手动复位时，将复位调节螺钉 14 向左拧出少许。当按下手动复位按钮 10 时，迫使片簧 1 退回原位，片簧 2 随之往右跳动，使常闭触头 4 闭合。若要使热继电器自动复位，应将复位调节螺钉 14 向右旋转一定长度。

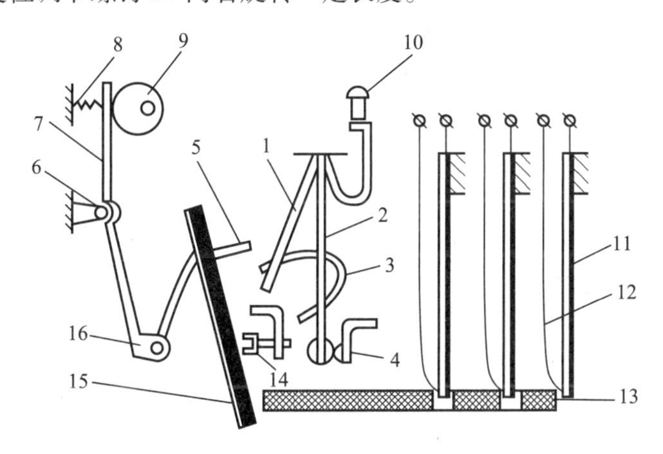

图 2－10　基于双金属片的热继电器的机构

1，2—片簧；3—弓簧；4—触头；5—推杆；6—轴；7—杠杆；8—压簧；9—电流调节凸轮；10—手动复位按钮；11—主双金属片；12—加热元件；13—导板；14—复位调节螺钉；15—补偿双金属片；16—轴

2. 型号

常用的热继电器的型号有 JR0、JR15、JR16、JR20 等系列，以及引进国外技术生产的 T 系列、3UA 系列等，均为双金属片式。

热继电器的型号及含义如下：

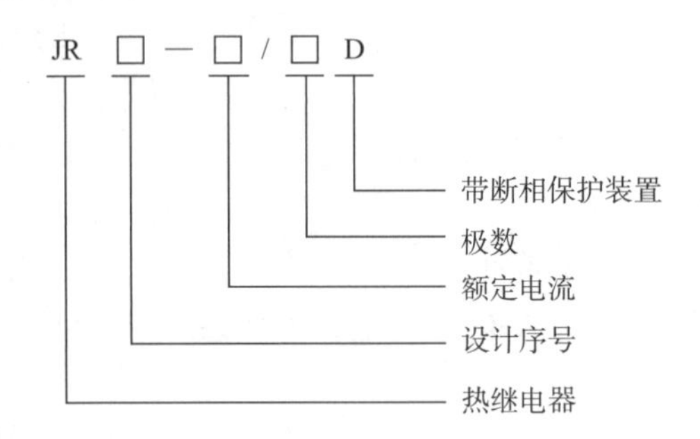

3. 热继电器的安装

热继电器可以安装在底座上，然后固定到导轨上，也可以和接触器直接连接。热继电器的安装如图 2－11 所示。

（a）

（b）

图 2－11　热继电器的安装

（a）与底座配合安装；（b）与接触器配合安装

热继电器在电路中只能作过载保护，不能作瞬时过载保护，更不能作短路保护。因为由于热惯性，双金属片从升温到发生弯曲，直到常闭触头断开需要一段时间，不能在短路瞬间分断电路。也正是这个热惯性，使电动机起动或短时过载时，热继电器不会误动作。

五、熔断器

在三相交流异步电动机通电运转的过程中，短路故障造成的危害是相当大的。为了避免短路故障对电气控制线路及设备产生危害，需要在线路中加上熔断器来加强线路的短路保护功能。

1. 熔断器的结构及工作原理

熔断器常用系列产品有瓷插式、螺旋式、无填料封闭管式、有填料封闭管式等类型。图 2－12 所示为熔断器的外形及电气符号。

熔断器主要由熔体、绝缘底座（熔管）及导电部件等组成。熔体是熔断器的核心部分，它既是感测原件又是执行原件。熔体常做成丝状或片状，其材料有两类：一类为低熔点材料，如铅锡合金、锌等；另一类为高熔点材料，如银、铜、铝等。熔断器接入电路时，熔体串联在电路中，负载电流流过熔体，由于电流的热效应，当电路电流为正常时，熔体的温度较低；当电路发生过载或短路时，流过熔体的电流增大，熔体发热快速增多使温度急剧上升，熔体温度达到熔点便自行熔断，从而断开电路，起到保护的作用。

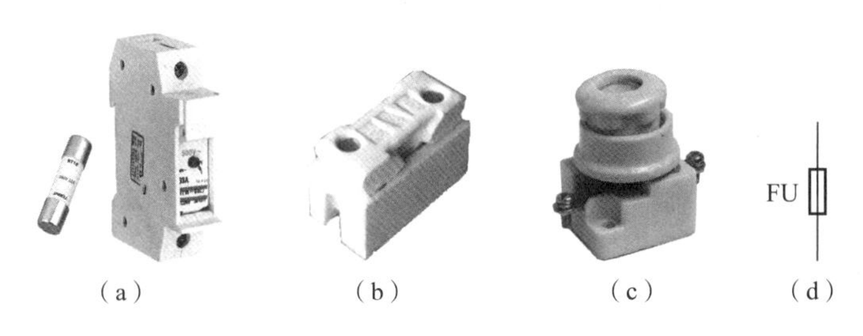

图 2－12 熔断器的外形及电气符号

(a) 有填料封闭管式熔断器；(b) 瓷插式熔断器；(c) 螺旋式熔断器；(d) 电气符号

2. 熔断器的主要技术参数

(1) 额定电压：熔断器的额定电压是从灭弧的角度出发，熔断器长期工作时和分断后能正常工作的电压。如果熔断器所接电路电压超过其额定电压，长期工作时可能使绝缘击穿，或熔体熔断后电弧可能不能熄灭。

(2) 额定电流：熔断器的额定电流是指熔断器长期工作，各部件温升不超过允许值时，所允许通过的最大电流。额定电流分熔管额定电流和熔体额定电流。熔管额定电流的等级比较少，而熔体额定电流的等级比较多。在一个额定电流等级的熔管内可选用若干个额定电流等级的熔体，但熔体的额定电流不可超过熔管的额定电流。

(3) 极限分断能力：其由熔断器在额定电压下工作时，能可靠分断的最大电流值来表示。它取决于熔断器的灭弧能力，与熔体的额定电流无关。

六、时间继电器

继电器的感测元件在感受外界信号后，经过一段时间才使执行部分动作，这类继电器称为时间继电器。

1. 时间继电器的结构及工作原理

时间继电器是一种利用电磁原理或机械动作原理实现触头延时接通或断开的自动控制电器，其按动作原理可分为电磁阻尼式、空气阻尼式、电动机式和电子式等。

1) 电磁阻尼式

电磁阻尼式时间继电器的结构如图 2－13 所示。由电磁感应定律可知，在线圈接通电源

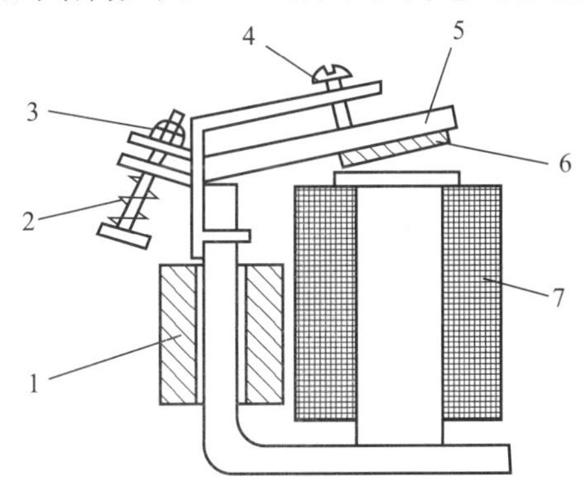

图 2－13 电磁阻尼式时间继电器的结构

1—阻尼铜套；2—释放弹簧；3—调节螺母；4—调节螺钉；5—衔铁；6—非磁性垫片；7—电磁线圈

时，将在阻尼铜套内产生感应电势和感应电流，感应电流产生感应磁通，在感应磁通的作用下，气隙磁通的增加减缓，使达到吸合磁通值的时间延长，从而使衔铁延时吸合，触头延时动作；当线圈断开直流电源时，由于阻尼铜套的作用，气隙磁通的减小变慢，从而使达到释放磁通值的时间延长，衔铁延时打开，触头也延时动作。

这种时间继电器的特点是结构简单、运行可靠、寿命长，但延时时间短。线圈通电吸合延时不显著，一般只有0.1～0.5s的延时。线圈断电获得的释放延时比较显著，可达0.3～5s的延时。在控制系统中通常采用线圈断电延时。

2）空气阻尼式

空气阻尼式时间继电器是利用空气阻尼的作用来达到延时的目的的，线圈电压为交流电。它主要由电磁系统、触头系统、空气室及传动机构等部分组成，如图2－14所示。它分为通电延时型和断电延时型两种。

图2－14（a）所示为通电延时型时间继电器，它在线圈通电后触头要延时一段时间才动作；而线圈失电时，触头立即复位。其工作原理是：当线圈1通电时，衔铁2克服复位弹簧3的阻力与固定铁芯立即吸合，活塞杆14在弹簧4的作用下向上移动，使与活塞13相连的橡皮膜6也向上运动，但受到进气孔8进气速度的限制，这时橡皮膜下面形成负压，对活塞的移动产生阻尼作用。随着空气由进气孔进入气囊，经过一段时间，活塞才能完成全部行程而压动微动开关SQ2，使常闭触头延时断开，常开触头延时闭合。延时时间的长短取决于节流孔7的节流程度，进气越快，延时越短。旋动节流孔螺钉12可调节进气孔的大小，从而达到调节延时时间长短的目的。微动开关SQ1在衔铁吸合后，通过推板10立即动作，使常闭触头瞬时断开，常开触头瞬时闭合。

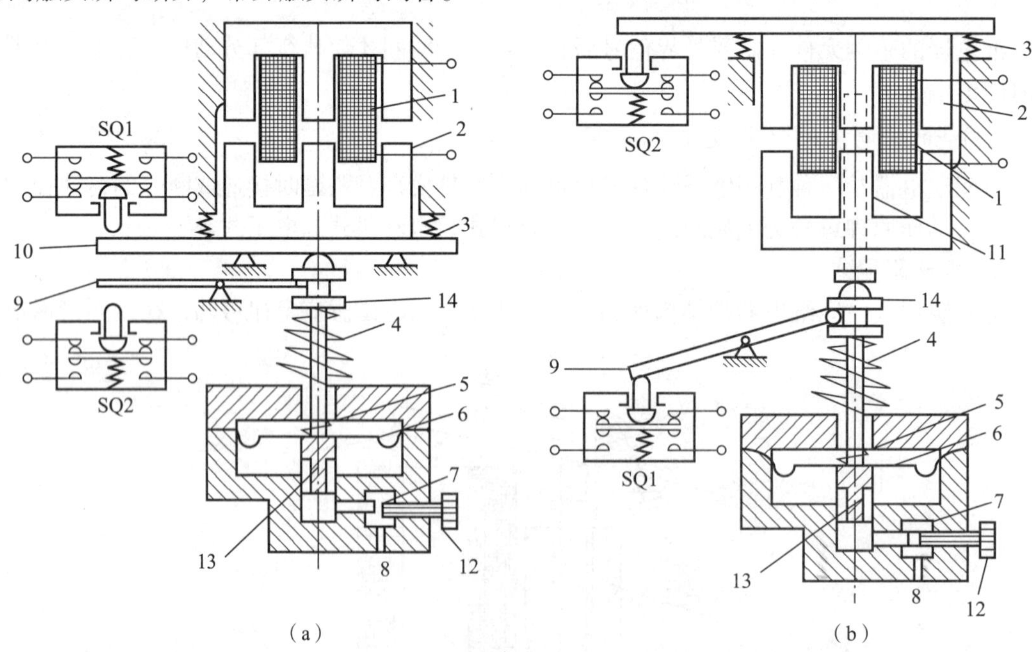

图2－14　空气阻尼式时间继电器的结构

（a）通电延时型；（b）断电延时型

1—线圈；2—衔铁；3—复位弹簧；4，5—弹簧；6—橡皮膜；

7—节流孔；8—进气孔；9—杠杆；10—推板；11—推杆

当线圈 1 断电时，衔铁 2 在弹簧 3 的作用下，通过活塞杆 14 将活塞 13 推向最下端，这时橡皮膜 6 下方气室内的空气通过橡皮膜 6、弹簧 5 和活塞的局部所形成的单向阀迅速从橡皮膜上方气室缝隙中排掉，使得微动开关 SQ2 的常闭触头瞬时闭合，常开触头瞬时断开。同时 SQ1 的触头也立即复位。

图 2－14（b）所示为断电延时型时间继电器。它可看成将通电延时型的电磁铁翻转 180°安装而成，其工作原理与通电延时型时间继电器相似。当线圈通电时，微动开关 SQ1 和 SQ2 的触头立即动作；而当线圈断电时，微动开关 SQ1 的触头瞬时复位，而微动开关 SQ2 的触头要延时一段时间才能复位。

空气阻尼式时间继电器的特点是结构简单、寿命长、价格低，容许电网电压有较大波动，还附有不延时（瞬动）的触点，所以应用较为广泛。其缺点是时间精度低、延时误差大，在延时精度要求高的场合不宜采用。

3）电子式

电子式时间继电器如图 2－15 所示，它多用于电力传动、自动顺序控制及各种过程控制系统，并以其延时范围广、精度高、体积小、工作可靠的优势逐步取代传统的电磁阻尼式、空气阻尼式时间继电器。

图 2－15　电子式时间继电器

时间继电器的文字符号为 KT，线圈和触头的电气图形符号如图 2－16 所示。

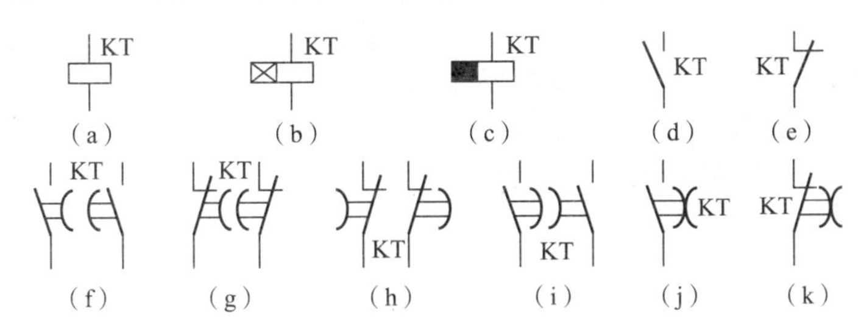

图 2－16　时间继电器的文字、图形符号

（a）线圈；（b）通电延时线圈；（c）断电延时线圈；（d）瞬动常开；（e）瞬动常闭；（f）通电延时闭合常开触头；（g）通电延时断开常闭触头；（h）断电延时闭合常闭触头；（i）断电延时断开常开触头；（j）延时通、断常开触头；（k）延时通、断常闭触头

2. 检测

安装前的检测包括不带电检测和带电检测两项。

（1）用万用表不带电测试时间继电器的线圈电阻、常开触头、常闭触头。

（2）线圈电阻正常时，根据时间继电器线圈的额定电压值，按图 2－17 所示连接好测试线路，带电测试延时时间，观察触头的动作情况。注意按照时间继电器要求的线圈电压在 1 和 2 之间加上合适的电压。如本项目中所用的时间继电器是 AC380V，所以端子 1 和 2 分别与三相交流电的任意两相连接。

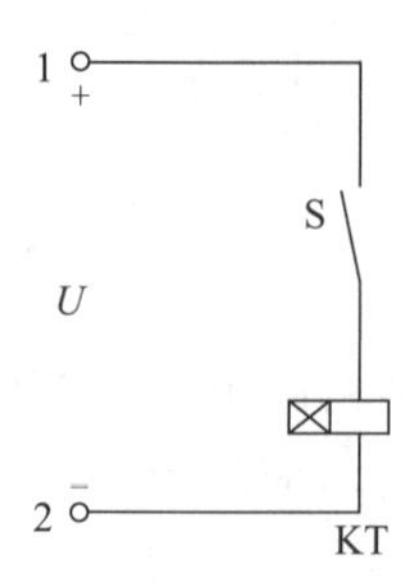

图 2－17 时间继电器测试电路

七、中间继电器

由于大多数时间继电器没有瞬动触头，所以，要完成时间继电器线圈的持续通电，有时需要用到中间继电器。中间继电器的主要作用是在电路中起信号的传递与转换作用，当其他电器的触头对数不够用时，可借助中间继电器来扩展它们的触头数量，有时也可将小功率的控制信号转换为大容量的触电动作，以驱动电气执行原件工作。

中间继电器的电磁机构与交流接触器相似，也是由线圈、静铁芯、动铁芯、触头系统和复位弹簧等组成。但它没有主触头和辅助触头之分，触头容量小，只允许通过小电流。其与交流接触器的主要区别是触头数目多、触电容量大、动作灵敏，其外壳一般由塑料制成，是开启式。在选用中间继电器时，主要考虑电压等级和触头数目，中间继电器的外形及符号如图 2－18 所示。

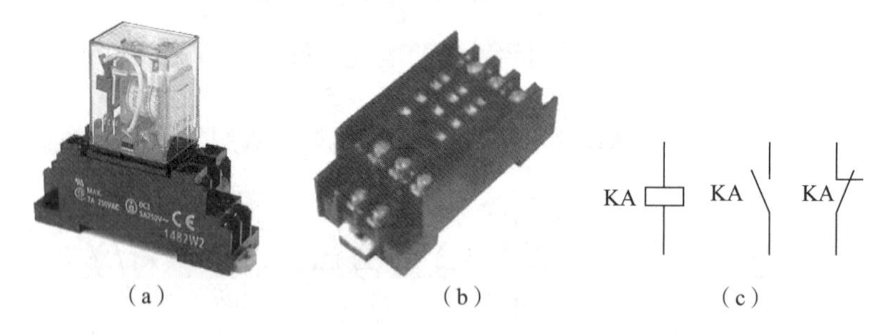

图 2－18 中间继电器外形及符号

（a）外形；（b）底座；（c）符号

由于中间继电器触头容量较小，所以一般不能接到主电路中。固定好底座后，先按器件上的图接线，然后再将中间继电器安装在底座上。

八、行程开关

1. 行程开关的结构及工作原理

行程开关又称为限位开关或位置开关。它是根据运动部件的位置来自动切换电路的控制电器，它可以将机械位移信号转换成电信号，常用于顺序控制、自动循环控制、定位、限位以及终端保护。

行程开关有机械式和电子式两种，机械式行程开关与按钮相同，一般由一对或多对常开触头、常闭触头组成，但其不同之处是，按钮是由人的手指按压完成的，而行程开关是由机械碰撞或相应的信号检测来完成的。

行程开关的结构和电气符号如图 2－19 所示。

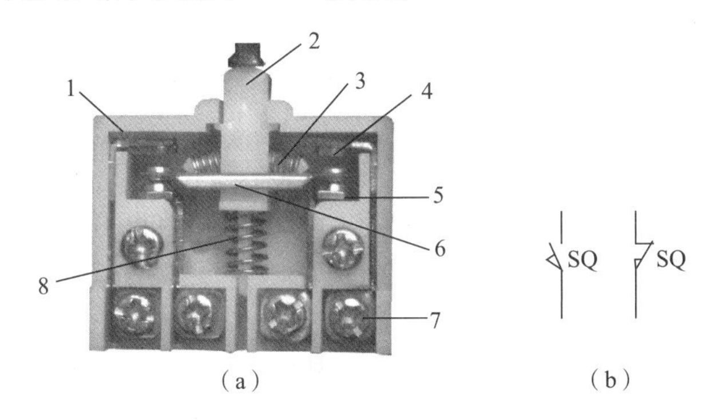

（a）　　　　（b）

图 2－19　行程开关的结构和电气符号

（a）结构；（b）电气符号

1—外壳；2—推杆；3—弹簧；4—常开触头；5—常闭触头；6—桥式动触头；7—接线桩；8—反力弹簧

2. 触头检测

（1）万用表选择欧姆挡的“×100”或者“×1K”挡，并进行欧姆调零。

（2）将触头两两测量查找，未按下推杆时阻值为∞，而按下推杆时阻值为 0 的一对为常开触头；相反，未按下推杆时阻值为 0，而按下推杆时阻值为∞的一对为常闭触头。

九、信号灯

信号灯又称为指示灯，由灯座、灯罩、灯泡和外壳组成，常用信号灯的外形及电气符号如图 2－20 所示。

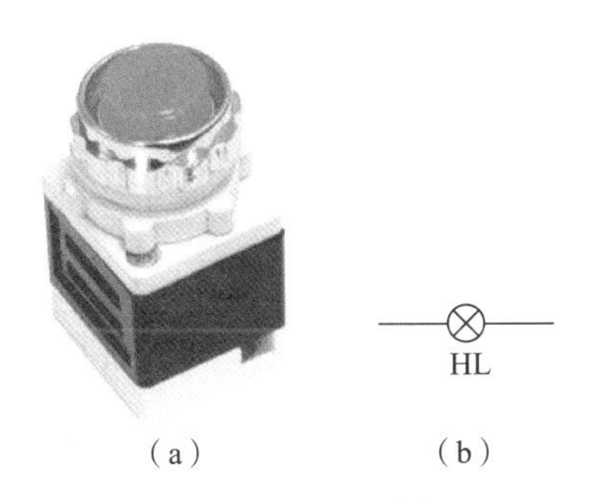

（a）　　　　（b）

图 2－20　信号灯的外形及电气符号

（a）外形；（b）电气符号

信号灯灯泡额定电压通常有 6V、12V、24V、36V、48V、110V、127V、220V、360V、660V 多种，以适应各种控制电压的信号指示。灯泡一般是白炽灯或氖灯，但发展趋势是发光二极管（LED）。LED 具有体积小、使用寿命长、工作电流小、温升低、能耗小等优点，是高效节能产品。

灯罩由有色玻璃或塑料制成，通常有红色、黄色、绿色、乳白色、橙色、无色六种。一般红色代表危险或报警，黄色代表警告，绿色表示安全，蓝色和白色可根据不同的需要进行选用及定义。

任务二　三相交流异步电动机起停电路的设计

根据三相交流异步电动机的工作原理可知，对于连接完好的电动机，只要在定子绕组首端通上相应的电压，电动机就可以运行；将电压解除，电动机就会逐渐停止。

一、空气开关控制的三相交流异步电动机的单相连续运行

控制三相交流异步电动机的定子绕组与对应电源的接通和断开，最简单的方法就是利用开关来进行，随着电气控制技术的发展，开关的种类越来越多，人们需要根据具体的应用环境和使用条件进行选择。在工业控制领域，能够对三相交流异步电动机进行直接控制的常开开关主要有刀开关、组合开关、空气开关等。在现代电气控制线路中，往往采用空气开关实现电源的隔离控制。空气开关控制的电动机连续运行的控制线路如图 2－21 所示。

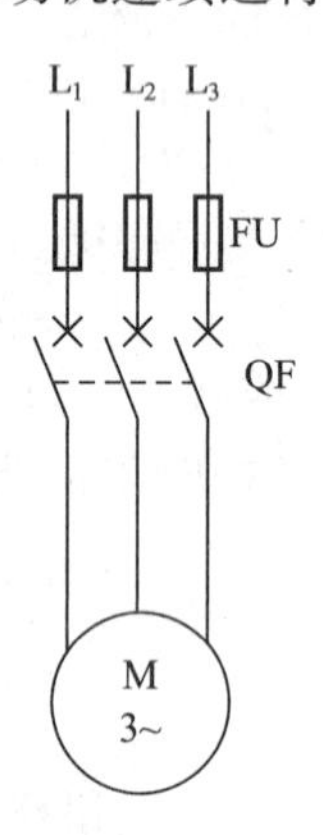

图 2－21　空气开关控制的电动机连续运行的控制线路

1. 动作原理

闭合空气开关 QF，电动机 M 起动运行；断开空气开关 QF，电动机 M 断电减速，直至停转。

2. 线路的不足

空气开关作为开关需要手动合闸，所以说它虽然具备短路、过载等保护功能，但是在实际应用中不能够灵活地实现频繁通断电控制。

二、交流接触器控制的三相交流异步电动机的单相连续运行

在实际的工作中，需要对设备进行灵活的控制，空气开关的控制线路显然不能满足此项要求。因此，在实际生产中，往往根据控制需求，对电动机采用以交流接触器为核心的控制环节。其电路如图 2－22 所示。

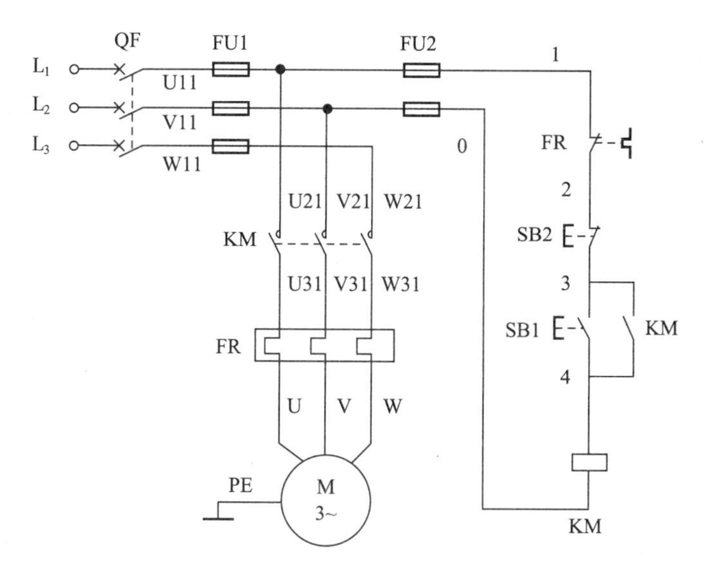

图 2－22　交流接触器控制的电动机连续运行的控制线路

1. 电路的工作原理

1）起动

合上空气开关 QF，按下按钮 SB1，SB1 常开触头接通，KM 交流接触器线圈吸合，使 KM 主触头闭合，电动机主电路通电，电动机起动并进入工作状态。KM 辅助常开触头闭合，实现自保持。

当接触器 KM 常开辅助触头接通后，即使松开按钮 SB1 仍能保持接触器 KM 线圈通电，所以此常开辅助触头称为自保持触头。

2）停止

按下按钮 SB2，SB2 常闭触头断开，接触器 KM 线圈断电，KM 常开主触头断开，电动机主电路断电，电动机停止工作。KM 辅助触头断开，解除自保持。

2. 控制电路的保护环节

（1）短路保护：熔断器组 FU1 用于主电路的短路保护，FU2 用于控制电路的短路保护。

（2）过载保护：当电动机出现长期过载时，串接在电动机定子电路中的热继电器 FR 的发热元件使金属片受热弯曲，经联动机构使串接在控制电路中的常闭触头打开，切断接触器 KM 线圈，KM 触头复位，其中主触头断开电动机的电源，使电动机 M 停止工作，常开辅助触头断开自保持电路，使电动机长期过载时自动断开电源，从而实现过载保护。排除过载故障后，手动使其复位，控制电路可以重新工作。

（3）欠电压和失电压保护：自锁具有实现欠电压和失电压保护的作用。欠电压保护是指当电动机电源电压降低到一定值时，能自动切断电动机电源的保护；失电压（或零电压）保护是指运行中的电动机电源因断电而停转，而一旦恢复供电，电动机不致在无人监视的情况下自行起动的保护。

在电动机运行中，当电源下降时，控制电路电源电压相应下降，接触器线圈电压下降，这将引起接触器磁路磁通下降，电磁吸力减小，衔铁在反作用弹簧的作用下释放，自保持触头断开（解除自保持），同时主触头也断开，切断电动机电源，避免因电源电压降低引起电动机电流增大而烧毁电动机。

在电动机运行中，电源停电则电动机停转。当恢复供电时，由于接触器线圈已经断电，其主触头与自保触头均已断开，主电路和控制电路都不构成通路，所以电动机不会自行起动。只有按下起动按钮 SB1，电动机才会再起动。

任务三　三相交流异步电动机起停电路的安装与调试

一、器材准备

三相交流电源、电工通用工具（测电笔，“－”字、“＋”字螺钉旋具，剥线钳，尖嘴钳，电工刀等）、万用表（指针式万用表，如 MF47、MF368、MF500 等），劳保用品（绝缘鞋、工作服等），所用器材如图 2－23 所示。

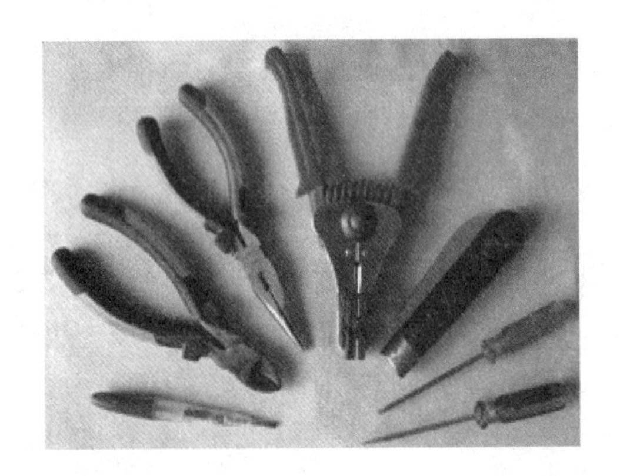

图 2－23　电工通用工具及仪表

二、所用电气元件

三相异步电动机 1 台、空气开关 1 只、低压断路器 1 个、熔断器 5 只、交流接触器 1 只、按钮 2 个、端子排 1 条、木螺钉 30 个、导线若干、接地线若干。

三、布置图

布置图是根据电气元件在控制板上的实际安装位置，采用简化的外形符号（如正方形、矩形、圆形等）而绘制的一种简图。它不表达各电气元件的具体结构、作用、接线情况以及工作原理，主要用于电气元件的布置和安装。图中各电气元件的文字符号必须与电路图和接线图的标志一致，交流接触器控制的电动机连续运行的控制线路布置图如图 2－24 所示。

四、接线图

电气安装接线图是表示设备电气电路连接关系的一种简图。它是根据电气原理图和位置图编制而成的，主要用于电气设备及电气电路的安装接线、检查、维修和故障处理。在实际应用中接线图通常需要与电路图和位置图一起使用。

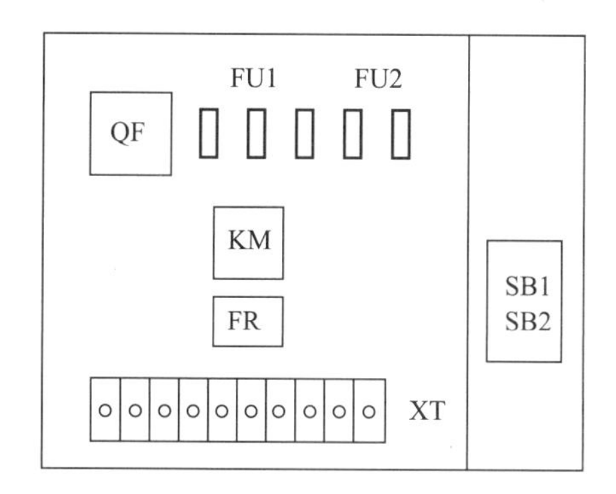

图 2-24　交流接触器控制的电动机连续运行的控制线路布置图

接线图的绘制原则如下：

（1）元件的图形、文字符号应与电气原理图的标注完全一致。同一元件的各个部件必须画在一起，并用点划线框起来。各元件的位置应与实际位置一致。

（2）各元件上凡需接线的部件端子都应绘出，控制板内、外元件的电气连接一般要通过端子排进行，各端子的标号必须与电气原理图上的标号一致。

（3）走向相同的多根导线可用单线或线束表示。

（4）接线图中应标明连接导线的规格、型号、根数、颜色和穿线管的尺寸等。

单向连续运行控制电路的接线图如图 2-25 所示。

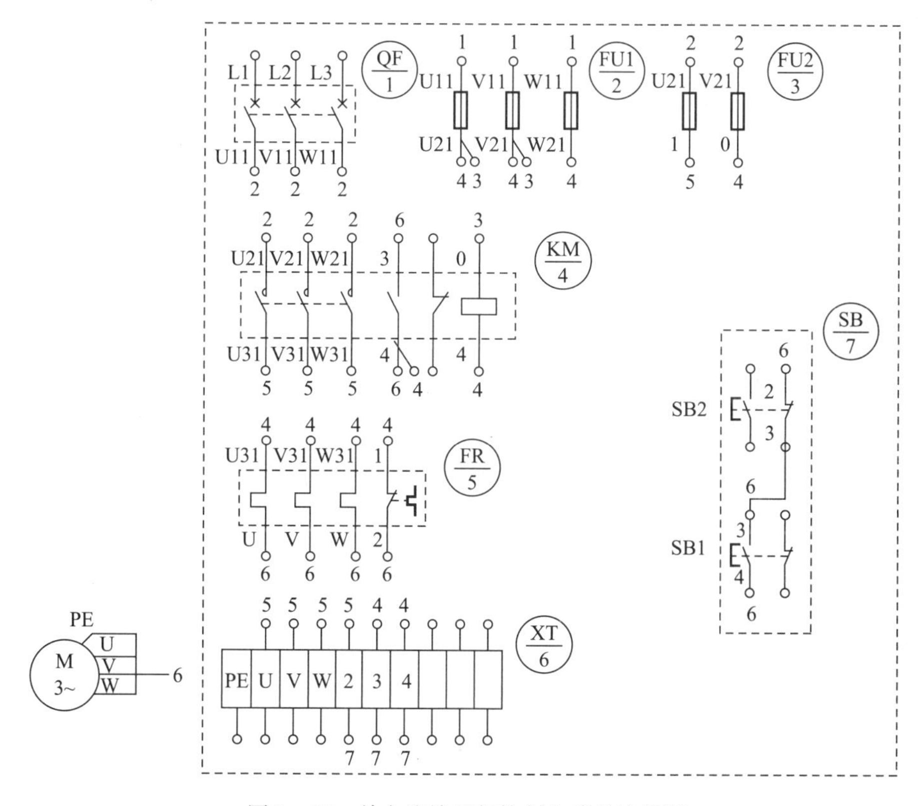

图 2-25　单向连续运行控制电路的接线图

五、控制电路的安装

1. 元器件的检测

（1）检查所用的元器件外观是否完整无损，附件、备件是否齐全。

（2）在不通电的情况下，用万用表检查各元器件触头的分合情况。

（3）用手同时按下接触器的三个主触头，注意用力均匀。检验操作结构是否灵活、有无衔铁卡阻现象。

（4）检查接触器线圈的额定电压与电源是否相符。

2. 安装元器件

（1）各电气元件的安装位置应整齐、匀称、间距合理和便于更换。

（2）组合开关、熔断器的受电端子应安装在控制板的外侧。

（3）紧固各元器件时，应用力均匀，紧固程度应适当。对熔断器、接触器等易碎裂元器件进行紧固时，应用旋具轮换旋紧对角线上的螺钉，并掌握好旋紧度，在手摇不动后再适当旋紧些即可。

（4）对需要导轨固定的元器件，应先固定好导轨，并将低压断路器、熔断器、接触器、热继电器等安装在导轨上。

（5）低压断路器应正装，向上合闸为接通电路。

（6）熔断器安装时应使电源进线端在上。

3. 布线

（1）走线通道应尽量少，同时并行导线按主、控电路分类集中，单层平行密排，紧贴敷设面。

（2）同一平面上的导线应高低一致或前后一致，不能交叉。若必须交叉，该根导线应在接线端子引出时就水平架空跨越，还必须走线合理。

（3）布线应横平竖直，分布均匀。变换走向时应垂直。

（4）布线时，严禁损伤线芯和导线绝缘。

（5）布线顺序一般以接触器为中心，由里向外，由低至高，先控制线路，后主电路，以不妨碍后续布线为原则。

（6）在每根剥去绝缘层导线的两端套上编码套管。若线路简单，可不套编码套管。所有从一个接线端子（桩）到另一个接线端子（桩）的导线必须连续，中间无接头。

（7）导线与接线端子（桩）连接时，应不反圈、不压绝缘层和不露铜过长，同时做到同一元器件、同一回路的不同接点的导线间距保持一致。

（8）一个电气元件接线端子上的连接导线不能超过两根，每节接线端子板的连接导线一般只允许连接一根。

安装完毕后的配电盘实际接线图如图 2－26 所示。

4. 注意事项

（1）电动机使用的电源电压和绕组的接法必须与铭牌上规定的一致。

（2）接线时，必须先接负载端，后接电源端；先接接地线，后接三相电源线。

（3）通电试运行时，若发生异常情况应立即断电检查。

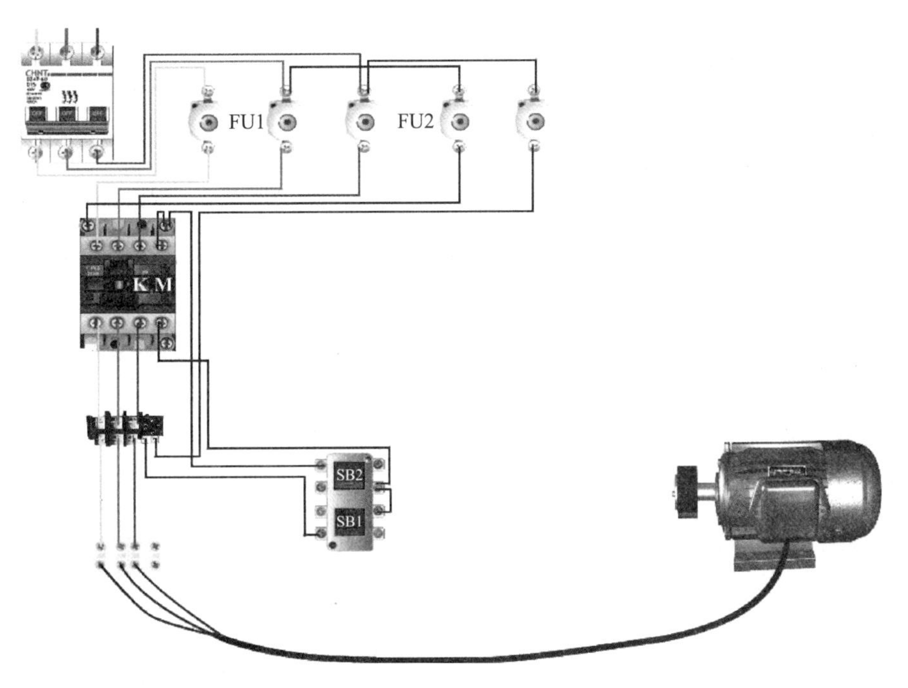

图 2－26　单向连续运行电路配电盘实际接线图

（4）安装组合开关和低压断路器时，在电源进线侧加装熔断器。

（5）熔断器的额定电压不能小于线路的额定电压，熔断器的额定电流不能小于所装熔体的额定电流。

六、控制电路的调试、运行

1. 自检电路

安装完毕后的控制电路板，必须经过认真检测后才允许通电试车。

1）检查导线连接的正确性

按电路图或接线图从电源端开始，逐段核对接线端子处的线号是否正确，有无漏接、错接之处。检查导线接点是否符合要求，压接是否牢固。

2）用万用表检查线路的通断情况

利用表 2－1 所示的检测方法，使用万用表检测电路，万用表选择合适挡位并进行欧姆调零，如果测量结果与正确值不符，应根据线路图和接线图检查是否有接线错误。

表 2－1（a）　单向连续运行电路主电路的检测方法

操作方法	阻值	说明
合上 QF，断开 FU2，分别测量 L1 与 L2、L2 与 L3、L3 与 L1 之间的阻值	均为∞	常态下不作任何和动作
	阻值均为 R	压下 KM 的可动部分

表2-1（b） 单向连续运行电路控制电路的检测方法

操作方法	U21-V21电阻	说明
断开FU1，常态下不动作任何元件	∞	V21-V21不通，控制线路不得电
按下按钮SB1	线圈直流电阻	V21-V21接通，控制线路KM线圈得电
按下接触器可动部分	线圈直流电阻	V21-V21接通，控制线路KM线圈得电
按下接触器可动部分，并按下SB2	∞	V21-V21断开，控制线路断电

2. 接好电机

按电动机铭牌上要求的绕组连接方式接好电动机。

3. 教师检查

学生自检后，请教师检查，无误后方可连接好三相电源，通电试车。

4. 通电试车

（1）清理好台面。

（2）提醒同组人员注意。

（3）通电试车时，旁边要有教师监护，如出现故障应及时断电，检修并排除故障。若需再次通电，也应有教师在现场进行监护。

（4）试车完毕，要先断开电源后拆线。

任务四 多台电动机顺序控制电路的设计

在实际生产中，多台电动机工作于某一台设备时，常常要求各种运动部件之间或生产机械之间能够按照顺序工作。例如车床主轴转动时，要求油泵先给润滑油，主轴停止后，油泵方可停止润滑，即要求油泵电动机先起动，主轴电动机后起动，主轴电动机停止后，油泵电动机才能停止。所以，所谓顺序控制，是指生产机械中多台电动机按预先设计好的次序先后起动或停止的控制，一是满足工作要求，二是为了避免多台电机同时起动或停止对电网造成较大的冲击。图2-27所示是顺序控制的应用领域。

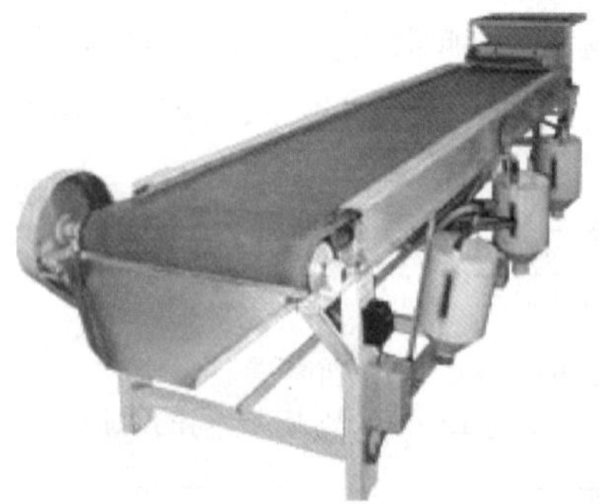

图2-27 顺序控制的应用领域

一、手动命令下多台电动机的顺序控制

1. 主电路实现的顺序起动、同时停车控制线路

由主电路通电的顺序性实现的顺序起动、同时停车控制电路图如图 2－28 所示。在主电路中，接触器的 KM2 的主触头串联在接触器 KM1 主触头的下方，故只有当 KM1 主触头闭合，电动机 M1 起动运转后，KM2 才能使电动机 M2 通电起动，满足电动机 M1 和 M2 顺序起动的要求。图中 SB1、SB2 分别为两台电动机的起动按钮，SB3 为电动机同时停止的控制按钮。

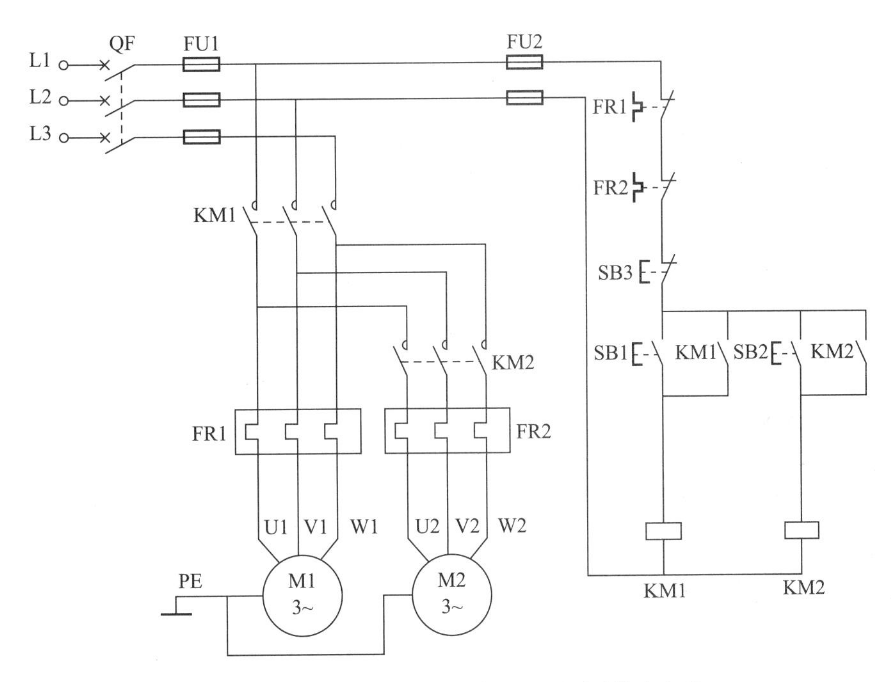

图 2－28　主电路实现的顺序起动、同时停车电路

2. 控制电路实现的顺序起动、同时停车控制线路

由控制电路通电实现的顺序起动、同时停车控制电路如图 2－29 所示。该电路的控制特点一是顺序起动，即 M1 起动后 M2 才能起动；二是同时停止。

由控制电路可知，控制电动机 M2 的接触器 KM2 的线圈接在接触器 KM1 的辅助常开触头之后，这就保证了只有当 KM1 线圈通电，其主触头和辅助常开触头接通，M1 起动之后，M2 才能起动。而且，如果由于某种原因如过载或欠电压等，接触器 KM1 线圈断电或电磁机构释放，引起 M1 停转，那么接触器 KM2 线圈也立即断电，使电动机 M2 停止，即 M1 和 M2 同时停止。若按下停止按钮 SB3，电动机 M1 和 M2 也会同时停止。

3. 控制电路实现的顺序起动、逆序停车控制线路

图 2－30 所示是电动机的顺序起动、逆序停车控制电路，其控制特点是起动时必须先起动 M1，才能起动 M2；停止时必须先停止 M2，M1 才能停止。

合上开关 QF，主电路和控制电路接通电源，此时电路无动作。起动时若先按下 SB4，

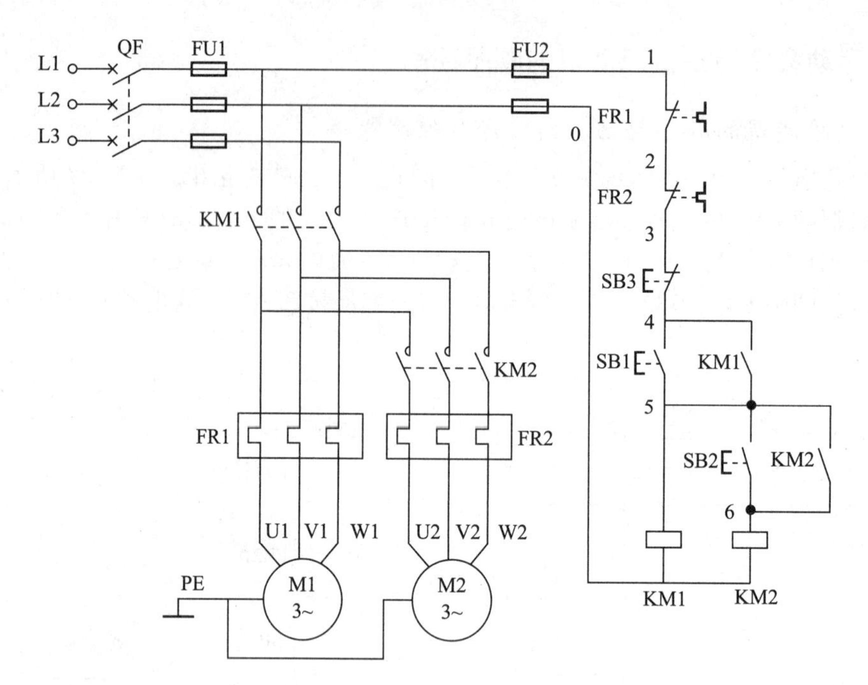

图 2－29　控制电路实现的顺序起动、同时停车电路

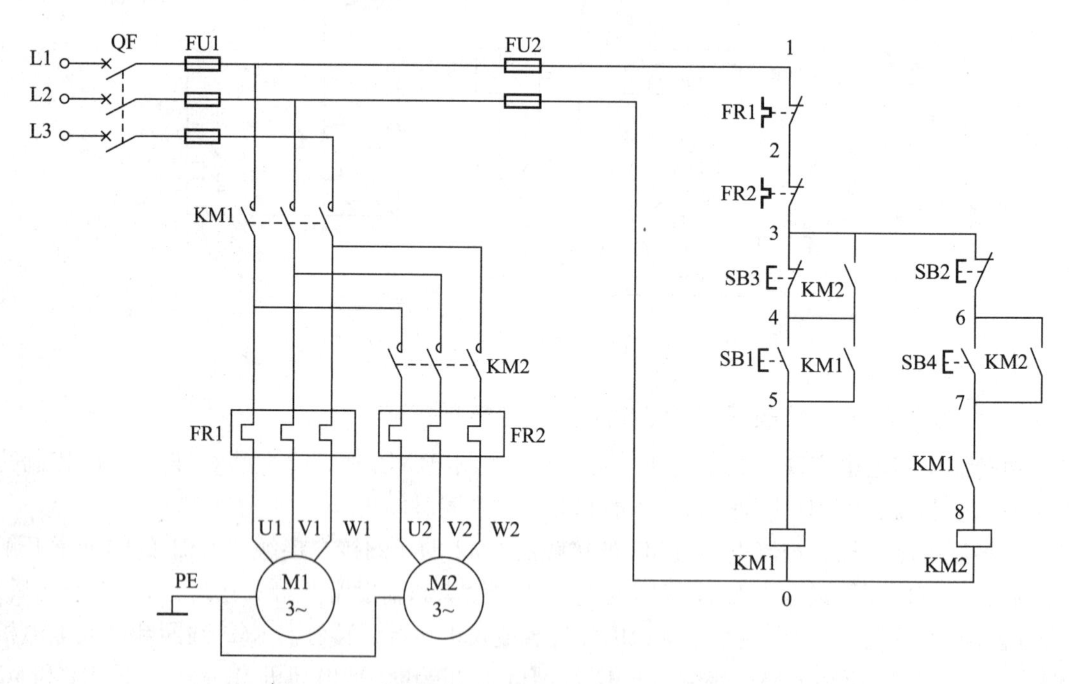

图 2－30　控制电路实现的顺序起动、逆序停车电路

因 KM1 的辅助常开触头断开而使 KM2 的线圈不可能通电，电动机 M2 也不会起动。此时应先按下 SB3，KM1 线圈通电，主触头接通使电动机 M1 起动，两个辅助常开触头也接通，一个实现自保持，另一个为起动 M2 做准备。再按下 SB4，KM2 线圈因 KM1 的辅助常开触头已接通而通电，主触头接通使电动机 M2 起动，辅助常开触头接通实现自保持。

停止时若先按下 SB1，KM2 的辅助常开触头的接通使 KM1 线圈不可能断电，电动机 M1 不可能停止。此时应先按下 SB2，KM2 线圈断电，主触头断开使电动机 M2 停止，两个辅助常开触头断开，一个解除自保持，另一个为停止 M1 做准备。再按下 SB1，KM1 线圈断电，主触头断开使电动机 M1 停止，辅助常开触头断开解除自保持。

电路设有短路保护、过载保护，电路本身还具有失电压和欠电压保护。

二、时间原则下多台电动机的顺序控制

上述实现顺序控制的方法有时也称为顺序联锁，是利用接触器自身的辅助触头（联锁触头）来实现的，每台电动机的起动和停止还是需要手动命令（按钮 SB）进行控制，而在本项目的自动运料系统中，要求电动机构成的传送装置进行时间原则上的自动起动和停止，因此在控制电路的设计中，应该引入时间继电器实现控制要求。

在时间原则下实现的三台电动机顺序起动、逆序停车的主电路与图 2－30 相同，控制电路如图 2－31 所示。

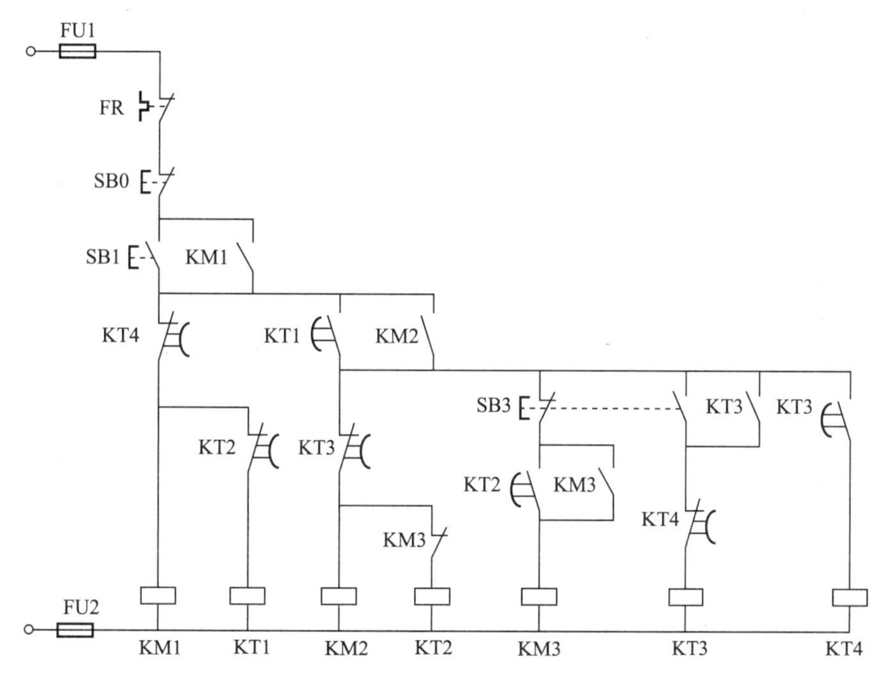

图 2－31　时间原则下顺序起动、逆序停车的控制电路

其中 SB1 为顺序起动按钮，KT1、KT2 分别为 M2、M3 顺序起动延时时间继电器，当按下 SB1 按钮后，三台电动机 M1、M2、M3 就按照时间顺序依次起动；SB3 为逆序停止按钮，KT3、KT4 分别为 M2、M1 逆序停止延时时间继电器，按下 SB3 按钮后，电动机就按照 M3、M2、M1 的顺序依次停车；SB0 为急停按钮，当按下此按钮后，所有正在工作的电动机均停止工作。

顺序起动的控制过程如下：

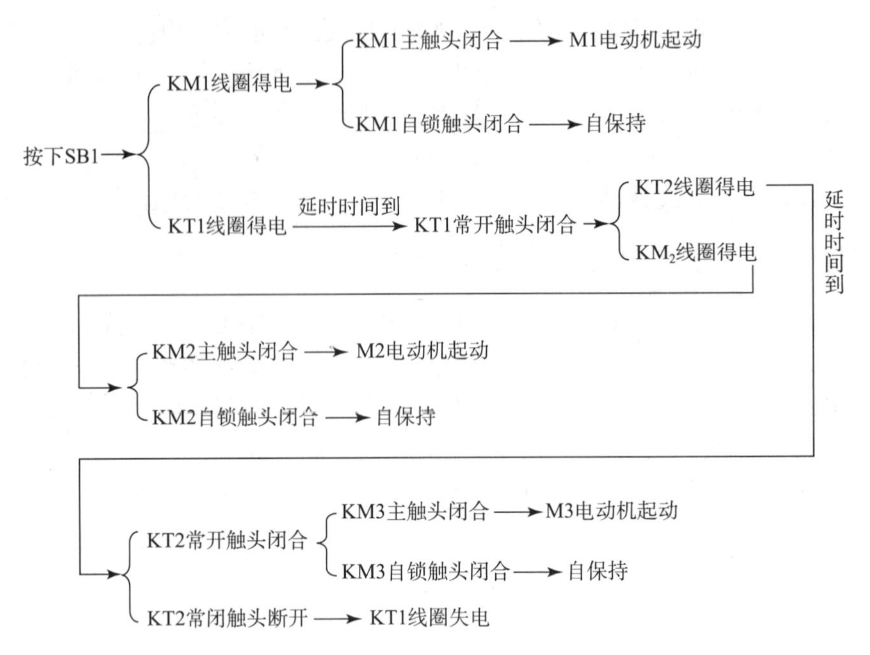

逆序停车的控制过程如下：

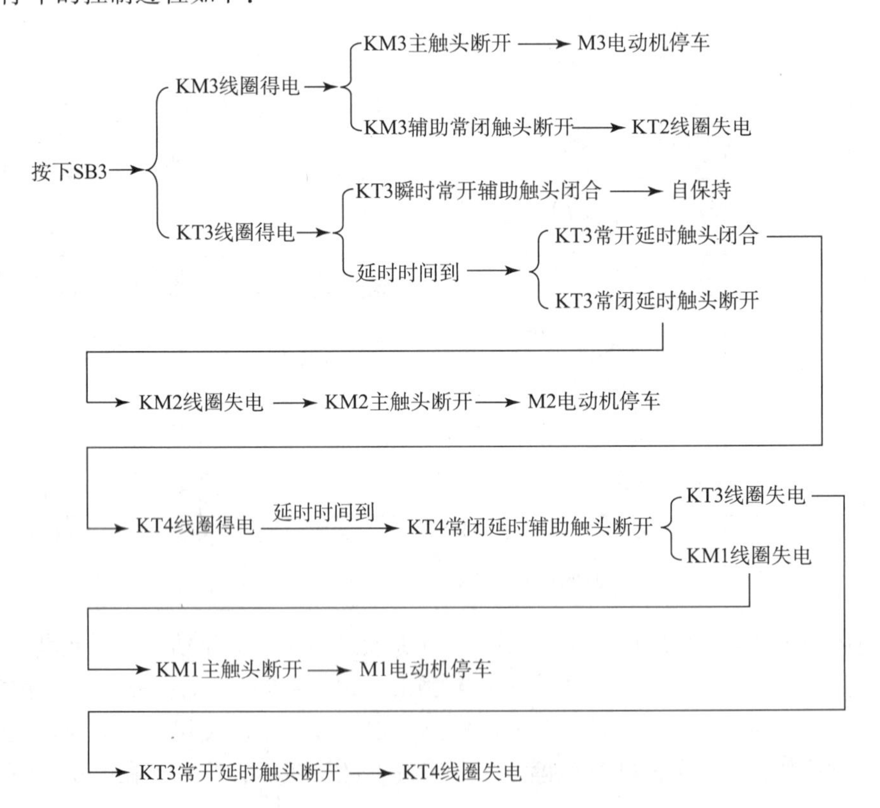

任务五　多台电动机顺序控制电路的安装与调试

多台电动机顺序控制电路的实现可以有多种方式，本次电路的安装与调试选用了任务四中图 2 - 30 所示的电路进行实际操作。

一、器材准备

三相交流电源、电工通用工具（测电笔，“ - ”字、“ + ”字螺钉旋具，剥线钳，尖嘴钳，电工刀等）、万用表（指针式万用表，如 MF47、MF368、MF500 等）、劳保用品（绝缘鞋、工作服等）。

二、所用电气元件

电气元件明细见表 2 - 2。

表 2 - 2　电气元件明细

序号	名称	型号与规格	数量
1	三相异步电动机	Y132M - 4 - B3 4kW，380V，8.8A，1 450r/min	2 台
2	三相断路器	三相，20A，DZ5 - 20 或自定	1 个
3	交流接触器	CJX2 - 1210，线圈电压 380V，10A	2 只
4	热继电器	JR36 - 20/3D，15.4A，整定电流 8.8A	2 只
5	熔断器	RL1 - 60/25，500V	3 只
6	熔断器	RL1 - 15/2，500V	2 只
7	控制按钮	LA10 - 3H，5A，红、绿、黑三色	1 只
8	端子排	JX2 - 1015	1 条
9	导线	BVR　1.5mm^2，1mm^2，0.75mm^2	若干

三、控制电路的安装

1. 元器件的检测

（1）按照电气元件明细表检查所用的元器件外观是否完整无损，附件、备件是否齐全。

（2）在不通电的情况下，用万用表检查各元器件触头的分合情况及操作是否灵活。

（3）检查接触器线圈的额定电压与电源是否相符。

2. 绘制布置图并安装电气元件

布置图如图 2 - 32 所示。在安装电气元件时应该注意如下几个方面：

（1）各电气元件的安装位置应整齐、匀称、间距合理和便于更换。

（2）组合开关、熔断器的受电端子应安装在控制板的外侧。

（3）紧固各元器件时，应用力均匀，紧固程度应适当。

（4）若有需要导轨固定的元器件，应先固定好导轨，并将低压断路器、熔断器、接触器、热继电器等安装在导轨上。

（5）低压断路器应正装，向上合闸为接通电路。

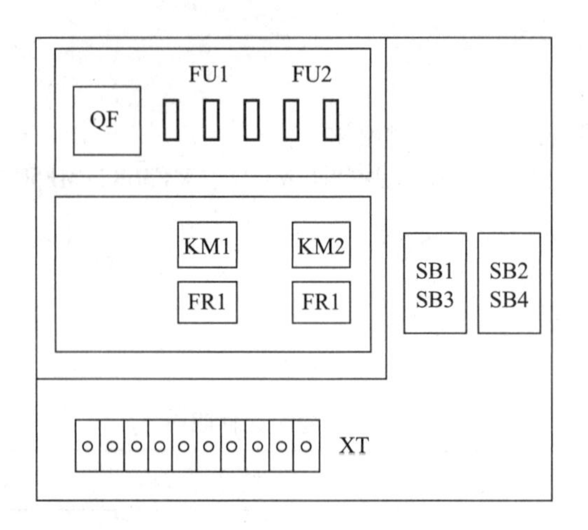

图 2－32　布置图

3. 布线

元器件安装布置完毕后，进行实际线路的连接，连接过程按照接线图进行，具体接线图如图 2－33 所示。

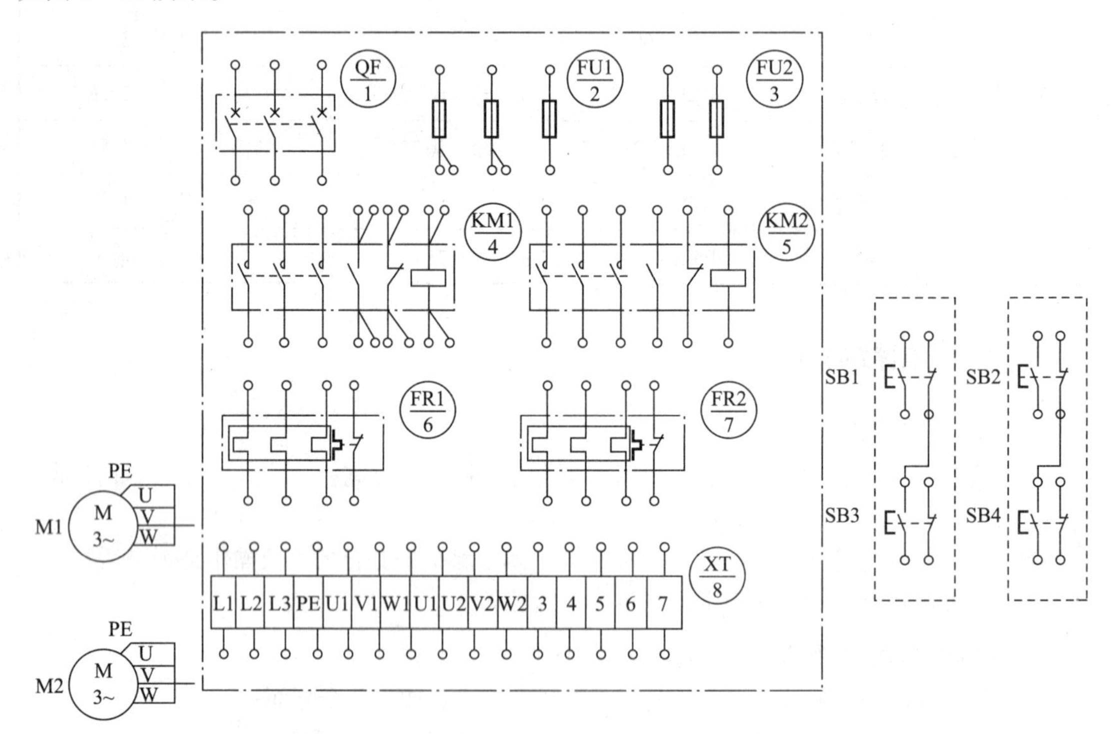

图 2－33　多台电动机顺序起动、逆序停车的控制线路接线图

四、控制电路的调试、运行

1. 自检电路

安装完毕后的控制电路板，必须经过认真检测后才允许通电试车。

（1）检查导线连接的正确性

按照图2－31所示的电路接线图从电源端开始，逐段核对接线端子处的线号是否正确，有无漏接、错接、虚接等现象，检查导线与各端子的接线是否牢固。

（2）用万用表检查线路的通断情况，用手动操作来模拟触头的分合动作。

2. 接好电动机

按电动机铭牌上要求的绕组连接方式接好电动机。

3. 通电试车

（1）通电试车时，旁边要有教师监护，如出现故障应及时断电，检修并排除故障。若需再次通电，也应有教师在现场进行监护。

（2）试车完毕，要先断开电源后拆线。

4. 常见故障排查

控制电路实现的顺序起动、逆序停车电路的常见故障有：电动机M1、M2均不能起动，电动机M1起动后M2不能起动，不能逆序停止，电动机M1、M2均不能停止等，具体的故障处理方式见表2－3。

表2－3（a）　电动机M1、M2均不能起动

故障现象	故障分析	故障处理
按下SB3、SB4电动机M1、M2均不能起动	（1）低压断路器未接通； （2）熔断器熔芯熔断； （3）热继电器未复位	（1）检查QF，如上接线端有电，下接线端没电，QF存在故障检修或更换，如果下接线端有电，QF正常； （2）FU熔芯熔断，更换同规格熔芯； （3）复位FR常闭触头

表2－3（b）　电动机M1起动后M2不能起动

故障现象	故障分析	故障处理
电动机M1起动后，按下SB4，电动机M2不能起动	（1）KM2线圈控制电路不通； （2）KM1常开辅助触头故障； （3）电动机M2电源缺相或没电； （4）电动机M2被烧坏	（1）检查KM2线圈电路导线有无脱落，若有脱落则恢复；检查KM2线圈是否损坏，如损坏则更换；检查SB3按钮是否正常，若不正常则修复或更换； （2）检查KM1常开辅助触头是否闭合，若不闭合则修复； （3）检查KM1主触头以下至M2部分有无导线脱落，如有脱落则恢复；检查KM2主触头是否存在故障，若存在则修复或更换接触器； （4）拆下电动机M2的电源线，检修电动机

表2－3（c）　电动机不能逆序停止

故障现象	故障分析	故障处理
电动机M2未停车，按下按钮SB1，电动机M1停车	KM2辅助常开触头故障	检修KM2辅助常开触头及接线，若损坏或脱落则更换或修复

表 2-3（d） 电动机 M1、M2 均不能停止

故障现象	故障分析	故障处理
按下 SB2，不能停车	（1）SB2、SB1 故障； （2）接触器主触头故障	立即切断电源 QF，首先检查 SB2、SB1 是否被短接物短接或熔焊，若是则拆除短接物或更换按钮；再检查 KM1、KM2 主触头是否熔焊，若熔焊，则更换触头

任务六 自动运料系统的开发

一、主电路的设计

自动运料系统的主电路如图 2-34 所示。运料装置由 3 台电动机拖动，均采用笼型异步电动机。由于电网容量相对于电动机容量来讲足够大，而且 3 台电动机又不同时起动，所以不会对电网产生较大的冲击，因此采用直接起动。由于皮带运输机不经常起动、制动，对于制动时间和停车准确度也没有特殊要求，制动时采用自由停车方式。

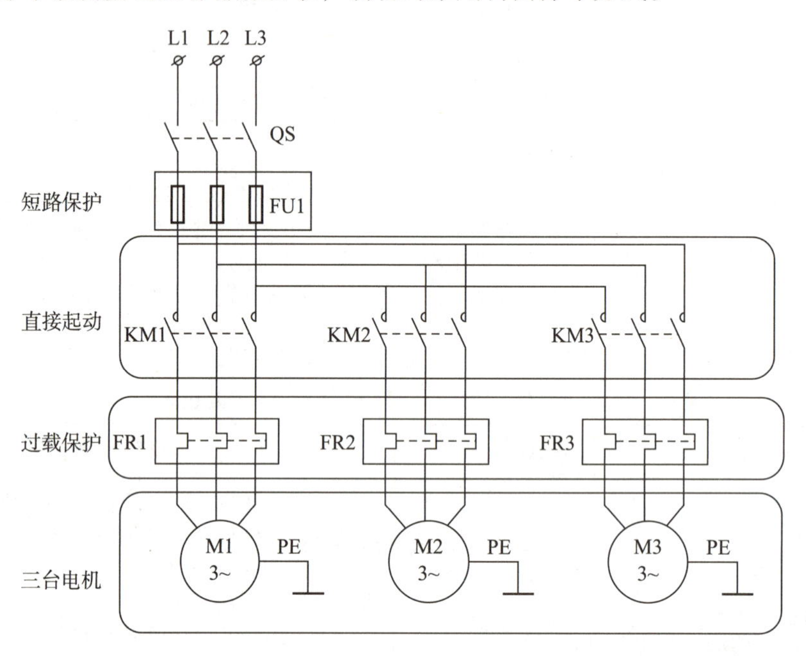

图 2-34 自动运料系统的主电路

QS 是皮带运输系统的电源引入开关，FU1 对整套设备实行总体短路保护。第一台电动机 M1 受交流接触器 KM1 的控制实现通、断电，FR1 实现过载保护。第二台电动机 M2 受交流接触器 KM2 的控制实现通、断电，FR2 用于过载保护。第三台电动机 M3 受交流接触器 KM3 的控制实现通、断电，FR3 用于过载保护。

二、控制电路的设计

根据工艺要求，自动运料控制装置需顺序起动、顺序停止。图 2-35 所示是自动运料系统的控制电路。

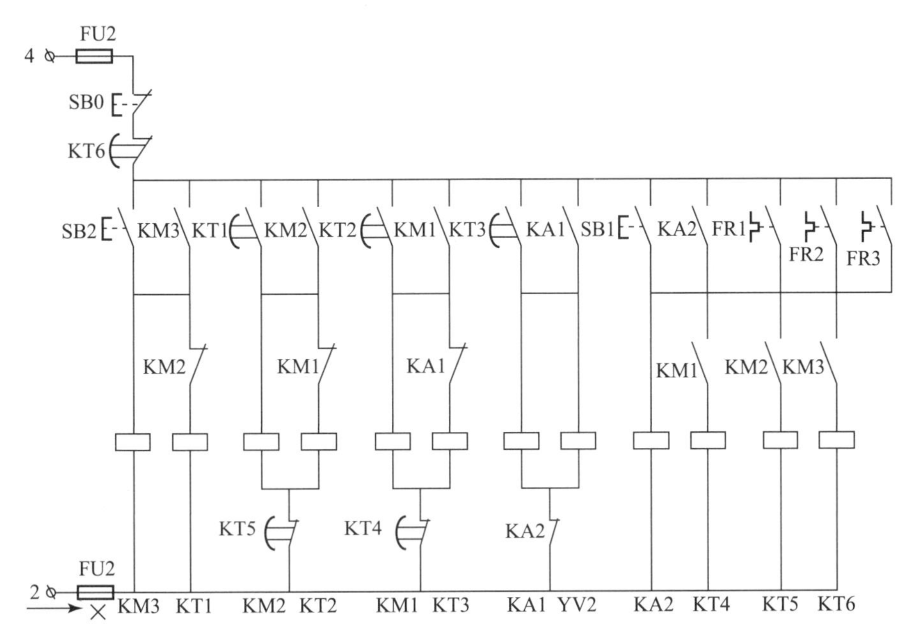

图 2－35　自动运料系统的控制电路

在图 2－35 所示的控制电路中，SB2 为运料起动按钮，SB1 为运料停止按钮，SB0 为急停按钮。6 个通电延时型时间继电器中，KT1～KT3 为 4s 延时，用来完成顺序起动控制，各用了一对常开触头。KT4～KT6 分别为 4s、8s、12s 延时，用来完成逆序停车控制，各用了一对常闭触头。中间继电器 KA1 的使用是为了完成电磁阀线圈 YV2 的持续接通；KA2 的使用是为了完成停止信号的持续。

当有车到来后，工作人员按下运料起动按钮 SB2 时，KM3 线圈通电并自锁，第三台电动机 M3 起动运行，同时时间继电器 KT1 的线圈通电开始计时，4s 后时间到，时间继电器 KT1 的常开触头闭合，KM2 线圈通电并自锁，第二台电动机 M2 起动运行，同时，KM2 的常闭触头断开，使 KT1 线圈失电，KT2 的线圈通电开始计时；4s 后时间到，时间继电器 KT2 的常开触头闭合，KM1 线圈通电并自锁，第一台电动机 M1 起动运行，同时，KM1 的常闭触头断开，使 KT2 线圈失电，KT3 的线圈通电开始计时，4s 后时间到，时间继电器 KT3 的常开触头闭合，KA1 线圈通电并自锁，KA1 常闭触头断开，使 KT3 线圈失电，同时 YV2 线圈通电，电磁阀打开，开始下料。

装料完毕之后，操作人员按下停止按钮 SB1，中间继电器 KA2 线圈通电并自锁，KA2 的常闭触头断开，中间继电器 KA1 和电磁阀 YV2 的线圈立即失电，阀门关闭，停止下料。由于三台电动机都在运转，KM1、KM2、KM3 的常开触头闭合，所以时间继电器 KT4、KT5、KT6 的线圈带点开始计时，4s 后时间继电器 KT4 的延时时间到，常闭触头断开，交流接触器 KM1 线圈失电，第一台电动机 M1 停止转动，4s 后时间继电器 KT5 的延时时间到，常闭触头断开，交流接触器 KM2 线圈失电，第二台电动机 M2 停止转动，4s 后时间继电器 KT6 的延时时间到，常闭触头断开，交流接触器 KM3 线圈失电，第三台电动机 M3 停止转动。由于将时间继电器 KT6 的常闭触头装在了控制线路的主干线上，所以 KA2 的线圈也同时失电，确保整个控制线路在完成相应的控制后全部失电。

三、辅助电路的设计

图 2－36 所示电路已经能够完成三台电动机的顺序起动和逆序停车了，但并不完善，设计中还需要有相应的信号指示灯和电铃。图 2－36 所示为自动运料系统的辅助电路，图中，信号指示灯和电铃采用 24V 交流电供电。为此，在本设备中专门设置了变压器，变压器 0、1 接 380V 交流电，副边 2、3 之间输出 24V 交流电压，为辅助电路供电，副边 2、4 之间输出 110V 交流电压，为控制电路供电。

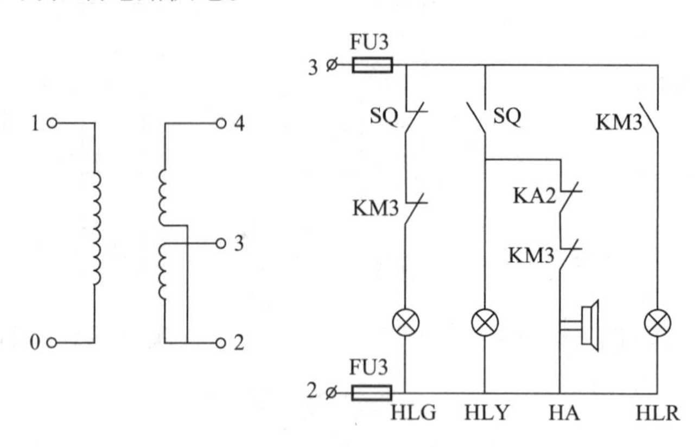

图 2－36　自动运料系统的辅助电路

当合上电源引入开关 QS 后，变压器就开始准备工作，信号灯 HLG 亮，装料的车子进入指定位置后，压合了位置开关 SQ，SQ 的常闭触头断开，将 HLG 指示灯熄灭，SQ 的常开触点闭合，接通了信号等 HLY 和电铃 HA，通知工作人员有车进来装料。当工作人员按下起动按钮 SB2 后，KM3 线圈通电，常闭触头断开，电铃停止响声，开始装料，同时 KM3 的常开触头接通了 HLR 指示正在装料，后面的车不能进入。

项目二　混凝土搅拌机电气控制电路的开发

混凝土搅拌机电气控制电路的设计中选用功率为 30kW 的搅拌电机，功率为 7.5kW 的上料电机，功率为 1.1kW 的水泵电机，三台电动机主要完成以下基本控制要求：

（1）搅拌机正转搅拌混凝土，反转将混合好的混凝土倒出。

（2）上料装置的爬斗正转送料，上升到位后自动停止倒料，反转使料斗下降放平并自动停止，为保障运料途中停电或要求停车时的安全，采用电磁抱闸。

（3）水泵电动机根据要求向搅拌桶中加水。

在前面的工作任务中，电动机均只作单方向的运行；采用全压起动，即电源电压一次性地加在电动机的定子绕组上；停止时将电源切断，让电动机自由停车；所有电动机均单向连续运行控制。但在本次任务中：（1）搅拌电动机、上料电动机均需要实现正、反转的控制；（2）搅拌电动机的功率较大，需要对电动机的起动方式加以处理；（3）上料电动机的停止需要迅速，停车稳定；（4）水泵电动机短时间给水，不需要长时间工作。因此接下来将分别针对三相交流异步电动机的正反转运转、减压起动、点动调整、制动等控制电路进行介绍。

任务一　认识所涉及的低压器件

速度继电器是一种以转速为输入量的非电信号检测电路，它能在被测转速升或降至某一设定值时输出开关信号，它是靠电磁感应原理实现触头动作的。

1. 结构及工作原理

速度继电器主要由转子、定子和触头等部分组成，其外形和结构如图 2－37 所示。转子是一个圆柱形永久磁铁，固定在转轴上。定子是一个笼型空心圆环，由硅钢片叠成，并装有笼型绕组，能作小范围偏转。触头有两组，一组在转子正转时动作，另一组在转子反转时动作。

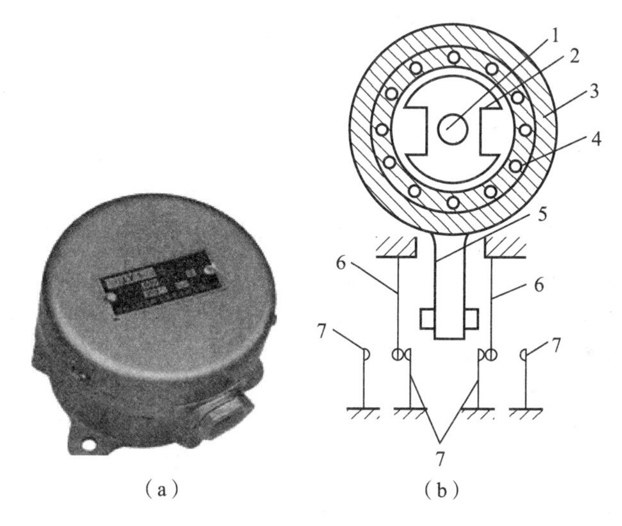

图 2－37　速度继电器

（a）外形；（b）结构

1—转轴；2—转子；3—定子；4—定子绕组；5—胶木摆杆；6—动触头（弹簧）；7—静触头

速度继电器转子的轴与电动机的轴通过联轴器相连，当电动机转动时，速度继电器转子随之转动，并产生一个旋转磁场，定子中的笼型绕组切割该磁场磁力线而产生感应电流。在旋转磁场的作用下，通有感应电流的笼型绕组受到力的作用产生电磁转矩，驱动定子跟随转子一起转动，与定子相连的胶木摆杆也随之偏转。胶木摆杆偏转到一定角度，推动动触头运动，速度继电器的常闭触头断开、常开触头闭合。当电动机转速低于某一数值时，定子产生的转矩减小，弹簧复位。调节弹簧的反作用力的大小，可以调节触头动作时所需要的转子的转速。

常用的速度继电器有 JFZ0 和 JY1 系列，速度继电器的文字符号为 KS，图形符号如图 2－38 所示。

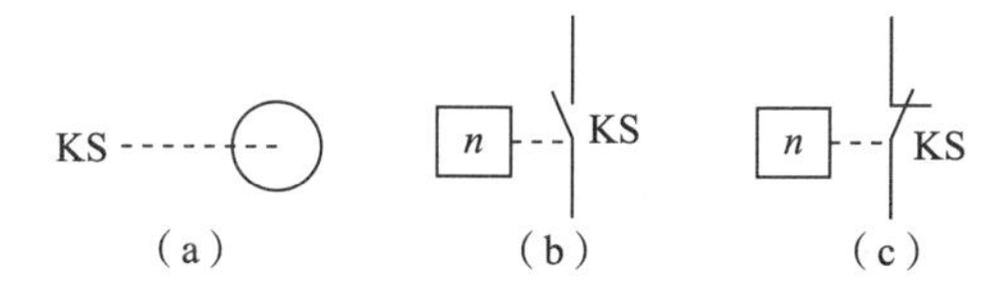

图 2－38　速度继电器的图形符号

（a）速度继电器转子；（b）常开触头；（c）常闭触头

2. 安装与接线

在安装过程中，速度继电器的转轴应与电动机同轴连接，且使两轴的中心线重合，同时保证速度继电器的金属外壳可靠接地。

接线时，应该注意正反向的触头不能接错，否则不能起到反接制动时接通和断开反向电源的作用。

任务二　电动机正、反转控制电路的设计

在港口、码头和大型企业中大量应用的起重机提升和下放重物；进出学校大门时，门卫师傅用手里的遥控器或者桌上的按钮来控制伸缩门的开门或关门；机床加工过程中工作台的前进与后退、主轴的正转与反转等，这些生产机械都要求电动机能实现正、反转控制。止、反转控制也称为可逆控制。

从理论上讲，三相交流异步电动机要实现正、反转控制，根据其工作原理可知，只需要改变三相异步电动机三相电源的相序，即将主回路中的三相电源线任意对调其中的两相即可。

在实际生产中，常有两种控制方式：一种是利用倒顺开关或组合开关改变相序，这种方法会在后续的 X62W 万能铣床控制线路中介绍；另一种是利用交流接触器的主触头改变相序。前者适用于不需要频繁正、反转的电动机，而后者适用于需要频繁正、反转的电动机。在本次任务中，搅拌电动机和上料电动机经常正、反转，所以，本任务介绍利用交流接触器的主触头改变相序来实现正、反转的控制方法。主电路连接图如图 2－39 所示。

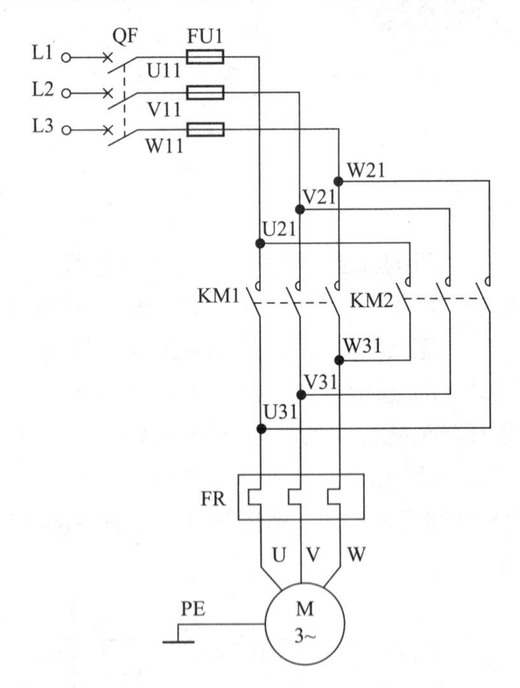

图 2－39　三相交流异步电动机正、反转主电路

一、无任何互锁的正、反转控制电路

图 2－40 所示的电气控制线路利用了两个交流接触器 KM1 和 KM2 实现了电动机 L1 和 L3 电源的对调。

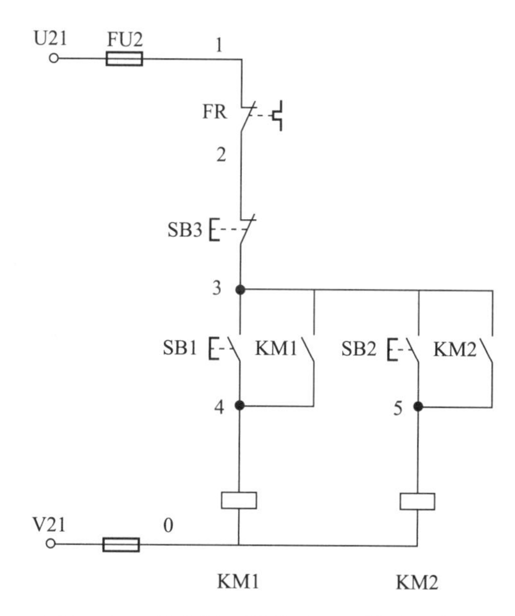

图 2－40　无任何互锁的正、反转控制电路

控制线路方：按下正转按钮 SB1 时，KM1 线圈通电并自锁，通电正序电源，电动机正转；按下反转按钮 SB2 时，KM2 线圈通电并自锁，接通反序电源，电动机反转；正向运转和反向运转的停止按钮都是 SB3。

仔细观察不难发现，图 2－40 所示的控制电路虽然可以完成正、反转控制的任务，但是这个控制电路存在缺点。若在按下 SB1，KM1 主触头闭合，电动机正向运转的同时，又按下反转按钮 SB2，则接触器 KM2 线圈通电自锁，主触头闭合，此时在主电路中将发生 L1 和 L3 两相电源短路的事故，所以图 2－40 所示的控制电路不完善。

二、电气互锁的正、反转控制电路

图 2－41 所示为电气互锁（接触器互锁）的正、反转控制电路，在此电路中选用了两个交流接触器，KM1 为正转接触器，KM2 为反转接触器。

当按下正转起动按钮 SB1 时，KM1 线圈得电并自锁，三相电源 L1、L2、L3 按照 U－V－W 相序接入电动机，电动机正转；当按下反转起动按钮 SB2 时，KM2 线圈得电并自锁，三相电源 L1、L2、L3 按照 W－V－U 相序接入电动机，即 W 和 U 相接线对调，电动机反转。由于在控制线路方，将 KM1 的常闭辅助触头串联在了 KM2 线圈所在的支路中，将 KM2 的常闭辅助触点串联在了 KM1 线圈所在的支路中，这两个线圈不可能同时带电，也就是说，KM1 和 KM2 的两组主触头不能同时闭合，这避免了 L1 和 L3 两相电源间短路的发生，这种相互制约的控制方式称为互锁或联锁控制。这种利用接触器常闭触头的互锁又称为电气互锁。

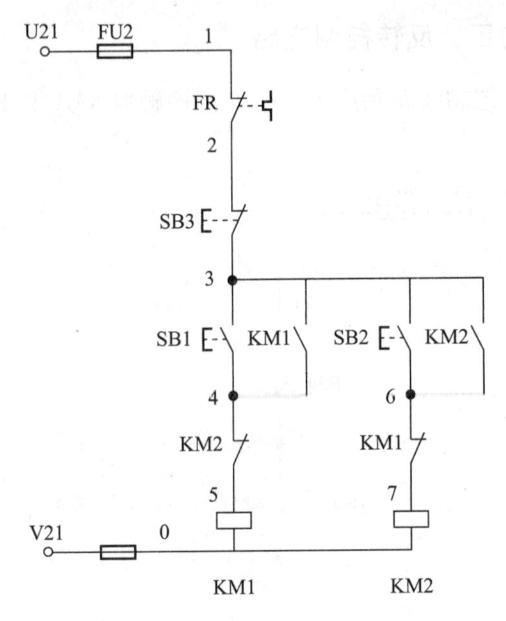

图 2－41　电气互锁的正、反转控制电路

在电气互锁正、反转控制电路中，如果电动机要从正转变为反转，必须先按下停止按钮后才能按反转起动按钮，否则由于接触器的互锁作用，不能实现反转，显然操作不方便。

三、机械互锁的正、反转控制电路

由于电气互锁正、反转控制电路要想实现正、反转模式的切换，必须经过停止，为了改进这种不便操作，人们引出了一种利用按钮常闭触头进行互锁的正、反转控制电路。

机械互锁的正、反转控制电路如图 2－42 所示。当按下正转起动按钮 SB1 时，正转接触

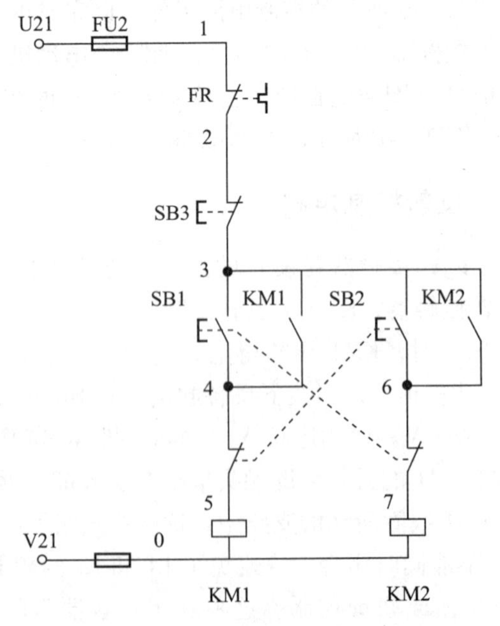

图 2－42　机械互锁的正、反转控制电路

器 KM1 线圈得电并自锁，电动机正转，此时串联在 KM2 回路中的 SB1 常闭触头断开，使得电动机不能反转。要使电动机反转，可以先按停止按钮 SB3，再按反转按钮 SB2。起动过程与正转过程相似，也可以在电动机正转的情况下直接按下反转按钮，此时由于反转起动按钮 SB2 闭合，串联在 KM1 回路中的 SB2 常闭触头断开，使得 KM1 断电，则不会造成同时正转、反转的情况，避免了电源短路的现象。

由上述内容可知，利用按钮 SB1 和 SB2 的常闭触头，实现 KM1 和 KM2 接触器线圈只允许有一个通电，即实现了 KM1 和 KM2 之间的互锁，这种按钮常闭触头实现的互锁通常也称为机械互锁。

该电路存在的主要问题是容易产生短路事故。例如，电动机正转接触器 KM1 主触头因弹簧老化或剩磁的原因而延迟释放时，或者被卡住而不能释放时，如果按下 SB2 反转按钮，KM2 接触器又得电使其主触头闭合，电源会在主电路短路。所以，当需要电动机直接进行正、反转的过渡时，该电路还需要加入电气互锁环节。

四、双重互锁的正、反转控制电路

双重互锁的正、反转控制电路如图 2－43 所示。它既有电气互锁又有机械互锁，两种互锁措施保证电路的可靠、正常工作，是一种比较完善的、具有较高安全可靠性的电路。

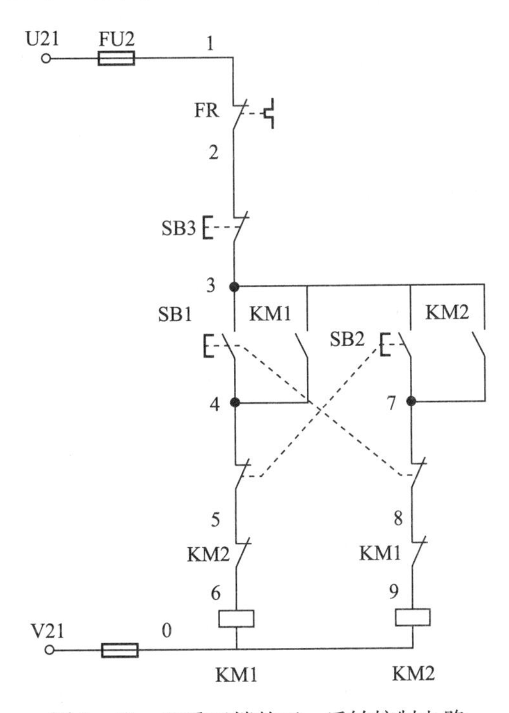

图 2－43　双重互锁的正、反转控制电路

五、自动往返行程控制的正、反转控制电路

对于上述四个正、反转控制电路，均能够成功地实现电动机的双向运转，起动与停止命令均由按钮进行发布。在搅拌机电气控制系统中，上料装置的爬斗不仅要求能够实现手动命令控制正、反转的双向运行进行送料，也要求在到达规定的运料位置时，能够自动停止运料

并反转使料斗下降放平并自动停止，这就要求设计一种控制电路以实现在规定位置内的自动往返工作控制。

基本的自动往返控制电路要求为按下起动按钮后，有三相交流异步电动机控制的工作台作直线运动，利用行程开关限制工作台工作的起始点，利用电动机的正、反转运行使工作台能够在规定区域进行往返运行，周而复始，直至按下停止按钮，工作台自动往返工作示意如图 2－44 所示，可以利用 SQ1 和 SQ2 的位置，调节工作行程往返的区域大小。

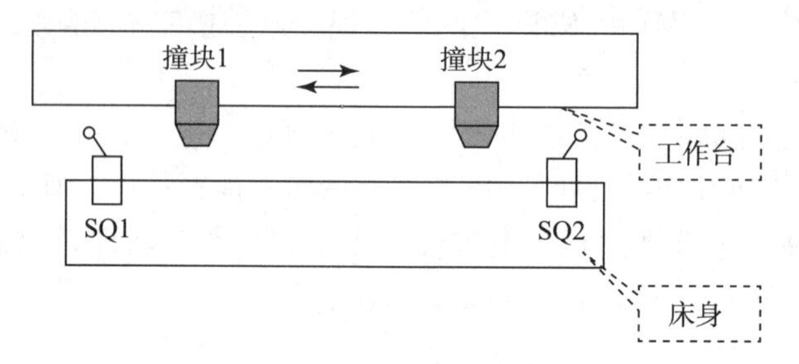

图 2－44　工作台自动往返工作示意

根据控制任务的要求可知，控制工作台运转的电动机进行正、反转的控制，因此自动往返行程控制的主电路为电动机的正、反转控制主电路如图 2－45 所示。

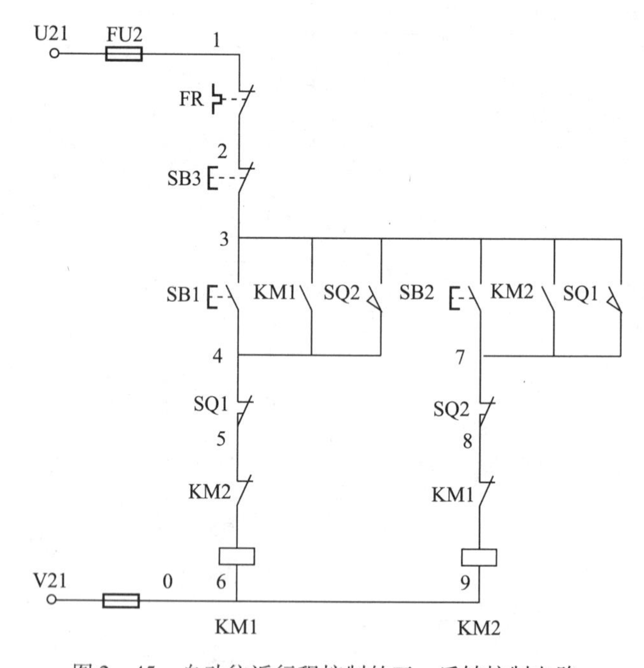

图 2－45　自动往返行程控制的正、反转控制电路

控制电路是在双重互锁的正、反转控制电路的基础上，增加了两个行程开关 SQ1 和 SQ2，其中 SB1 为正转起动按钮，SB2 为反转起动按钮，SB3 为停止按钮，KM1 为正转（工作台左走）控制接触器，KM2 为反转（工作台右走）控制接触器，SQ1 和 SQ2 的常闭触头作为限位控制开关，SQ1 和 SQ2 的常开触头作为自动往返的控制开关。

工作台起动为向左运转的自动往返控制电路的动作原理如下：

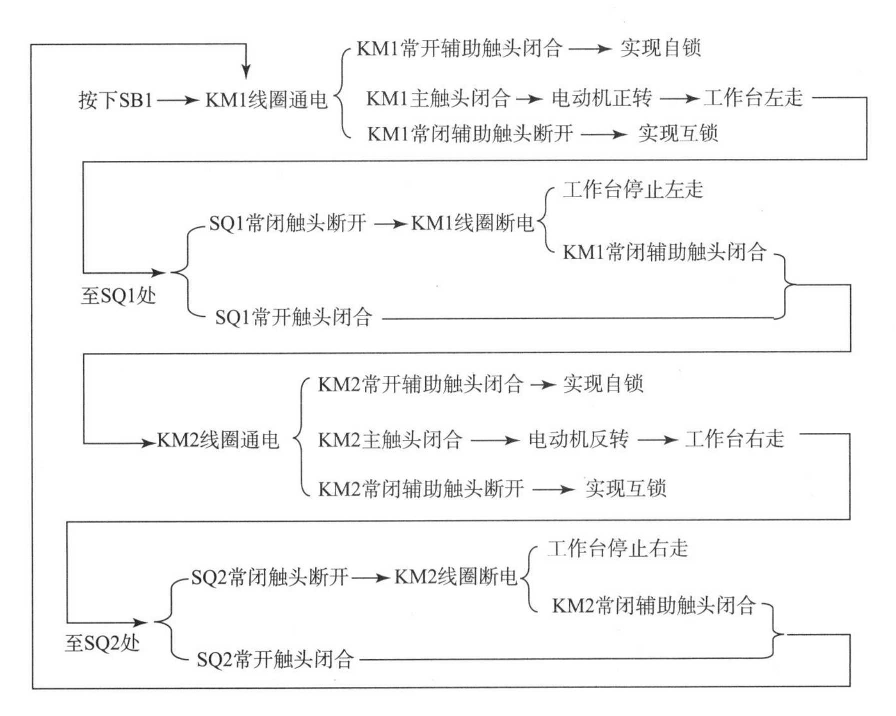

若起动时工作台向右运转，则首先按下 SB2 按钮，自动往返的运行过程参照首先按下 SB1 按钮的工作原理。

任务三　电动机正、反转控制电路的安装与调试

电动机正、反转控制电路的实现有多种方式，本次电路的安装与调试选用了双重互锁正、反转控制电路进行实际操作。电路如图 2－46 所示。

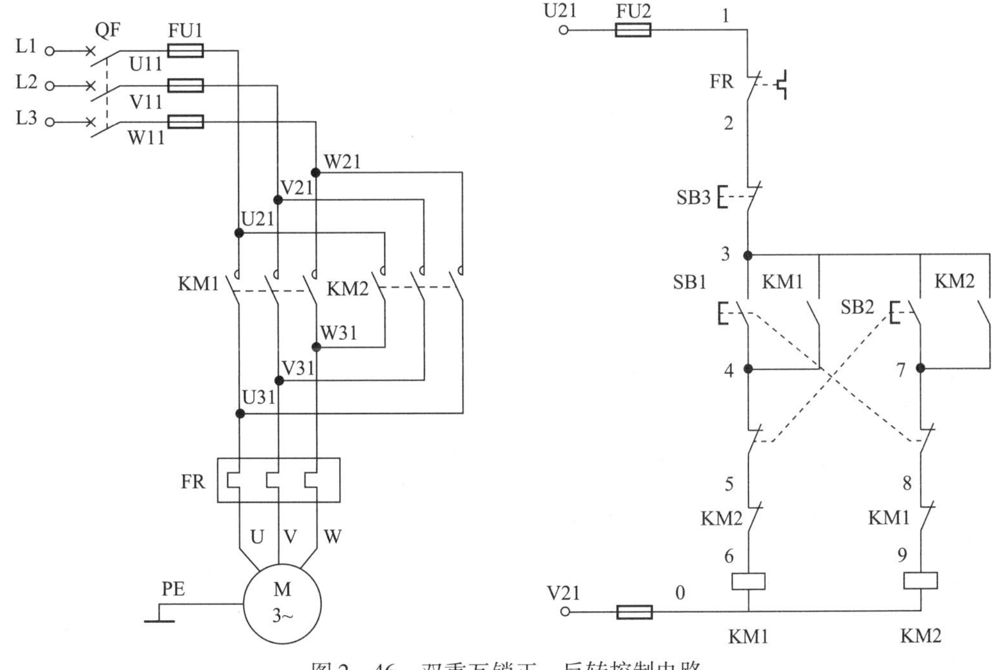

图 2－46　双重互锁正、反转控制电路

一、器材准备

三相交流电源、电工通用工具（测电笔，“－”字、“＋”字螺钉旋具，剥线钳，尖嘴钳，电工刀等）、万用表（指针式万用表，如 MF47、MF368、MF500 等）、劳保用品（绝缘鞋、工作服等）。

三相异步电动机 1 台、空气开关 1 个、熔断器 5 只、交流接触器 2 个、热继电器 1 个、按钮 3 个、端子排、塑料软铜线若干、导轨若干。

二、控制电路的安装

1. 元器件的检测

配齐所用元件后，利用万用表进行质量检验。元件应完好无损，各项技术指标符合规定要求，否则应予以更换。

2. 绘制布置图并安装电气元件

根据双重互锁正、反转控制电路图，绘制元件布置图，如图 2－47 所示。

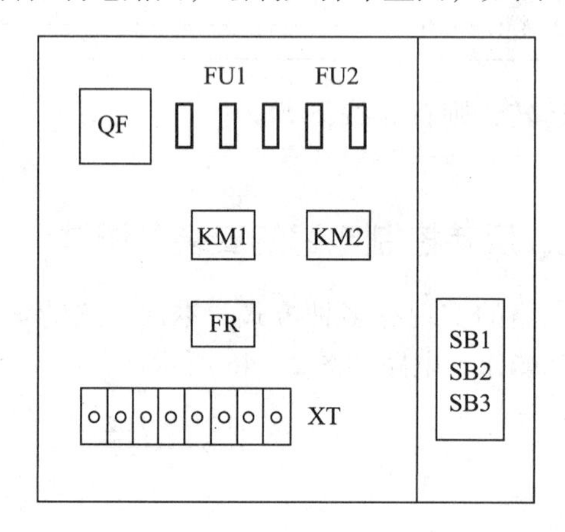

图 2－47　双重互锁正、反转控制电路元件布置图

3. 布线

元器件安装布置完毕后，进行实际线路的连接，连接过程按照接线图进行连接，具体接线图如图 2－48 所示。

4. 自检电路

安装完毕后的控制电路，要经过认真的检查，确认无误后才允许通电试车。

1）检查导线连接的正确性

按照电路图、接线图从电源端开始，逐段核对接线有无漏接、接错之处，检查导线接点是否符合要求，压线是否牢固。

2）检查电路的通断情况

利用万用表进行器件的断电检测，结合手动操作模拟触头的分合动作。

主电路检查时，利用万用表分别测量 U11 － V11、V11 － W11、W11 － U11 之间的电阻，其应该均为断路，即 $R\to\infty$，若测量结果不同，则说明存在故障点，应仔细检查。主电路的

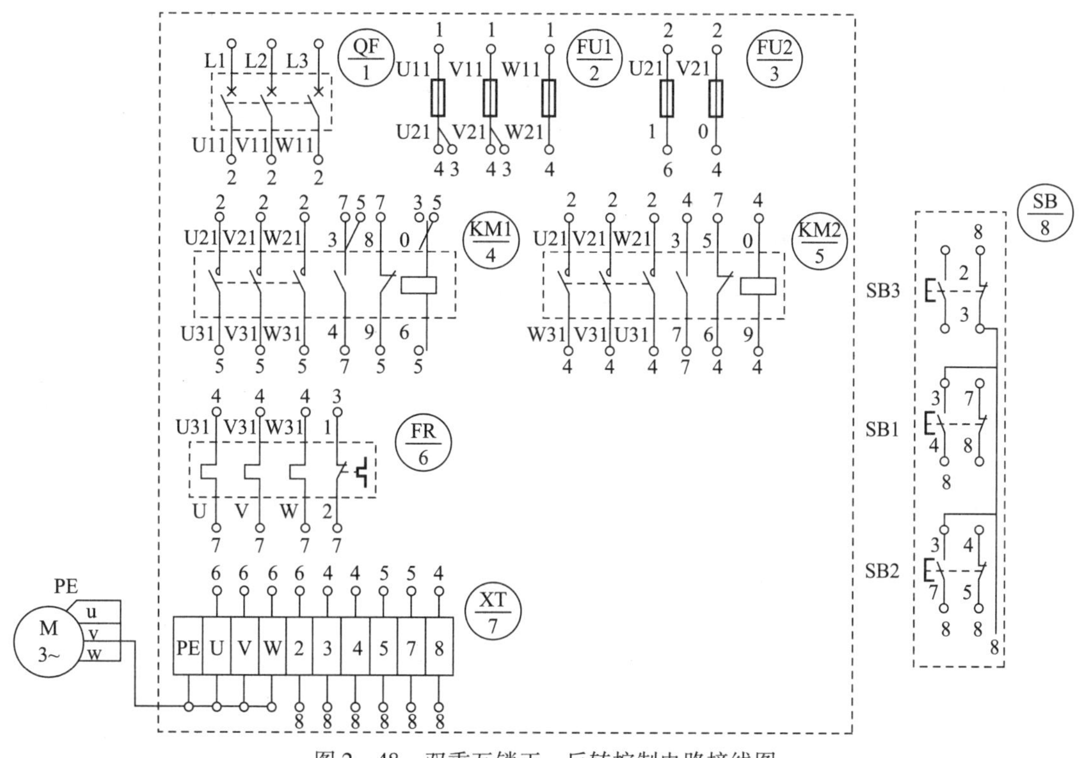

图 2－48　双重互锁正、反转控制电路接线图

检测内容及正确显示见表 2－4（a）。

表 2－4（a）　双重互锁正、反转主电路检测

项目	U11－V11 电阻	V11－W11 电阻	W11－U11 电阻
合上 QF，未作其他操作	∞	∞	∞
按下接触器 KM1 的可动部分	*R*	*R*	*R*
按下接触器 KM2 的可动部分	*R*	*R*	*R*

控制电路检测时，可根据表 2－4（b）所示内容进行检测。

表 2－4（b）　双重互锁正、反转控制电路检测

项目	U21－V21 电阻	说明
按下接触器 KM2 的可动部分	*R*	*R*
断开电源和主电路	∞	V21－V21 不通，控制电路不得电
合上 QF，按下按钮 SB1	线圈直流电阻	V21－V21 接通，控制电路 KM1 线圈得电
按下接触器 KM1 的可动部分	线圈直流电阻	V21－V21 接通，控制电路 KM1 能自锁
按下按钮 SB2	线圈直流电阻	V21－V21 接通，控制电路 KM2 线圈得电
按下接触器 KM2 的可动部分	线圈直流电阻	V21－V21 接通，控制电路 KM2 能自锁
按下接触器 KM1 的可动部分，并按下 SB3	∞	V21－V21 断开，正转时按 SB3 电动机停转

5. 通电试车

经过上述自检检查，若电路完全符合通电的标准，则在检查完三相电源后，进行通电试车。在通电试车的过程中如遇到故障则按下停止按钮，重新按照表 2－4 所述内容进行检测，排除故障后方可再次通电试车。

任务四　电动机减压起动电路的设计

对于起动功率较小的电动机，一般采用直接起动的方式，即将电动机额定电压直接加到电动机的定子绕组上。这种直接起动虽然电器设备少，电路简单，使用维护方便，但是起动电流大，一般可达到额定电流的 4～7 倍，对容量较大的电动机，这会使电网电压严重下跌，不仅使电动机起动困难、缩短寿命，而且影响其他用电设备的正常运行。因此，对较大容量的电动机需采用降压起动。

判断一台交流电动机能否采用直接起动，可按式（2－1）确定：

$$\frac{I_{st}}{I_N} \leqslant \frac{3}{4} + \frac{S}{4P} \tag{2-1}$$

式中，I_{st} 为电动机直接起动时的起动电流（A）；I_N 为电动机的额定电流（A）；S 为电源变压器容量（kV·A）；P 为电动机额定功率（kW）。

满足上述条件的电动机可以直接起动，否则应选择减压起动。减压起动是利用起动设备将电源电压适当降低后加到电动机定子绕组上进行的起动，当电动机由静止状态逐渐加速到稳定状态时，再将其电压恢复到额定值的起动方式。减压起动的目的在于减小起动电流，但起动转矩也将降低，因此减压起动适用于电动机空载或轻载起动。

常见的减压起动方式有定子绕组串接电阻减压起动、Y－△减压起动、自耦变压器减压起动等。

一、定子绕组串接电阻减压起动

定子绕组串接电阻减压起动是指起动时，在电动机定子绕组上串联电阻，根据分压原理，起动电流在串联电阻上产生电压降，使实际加到电动机定子绕组中的电压低于额定电压，即电动机的起动电压，当电动机转速上升到一定值后，再将串联的电阻短接，使电动机在额定电压下运行。

定子绕组串接电阻减压起动的控制电路如图 2－49 所示。其中 KM1 交流接触器控制串接电阻减压起动，KM2 交流接触器控制电动机全压运行。

其工作原理如下：合上电源开关 QS，按下起动按钮 SB1，KM1 交流接触器线圈得电，常开主触头闭合电动机串接电阻 R 起动，常开辅助触头闭合实现自锁。在交流接触器 KM1 线圈得电同时，时间继电器 KT 线圈得电，在延时时间到后，延时常开触头闭合，使交流接触器 KM2 线圈得电，KM2 常开主触头闭合，使电动机在全压下进入正常稳定运转，常开辅助触头闭合实现自锁。KM2 常闭辅助触头断开，使 KM1 及 KT 的线圈电路断电，主电路电阻 R 被短接。这样，在电动机起动后，只有交流接触器 KM2 线圈保持带电状态，保证了电路正常的稳定运行。

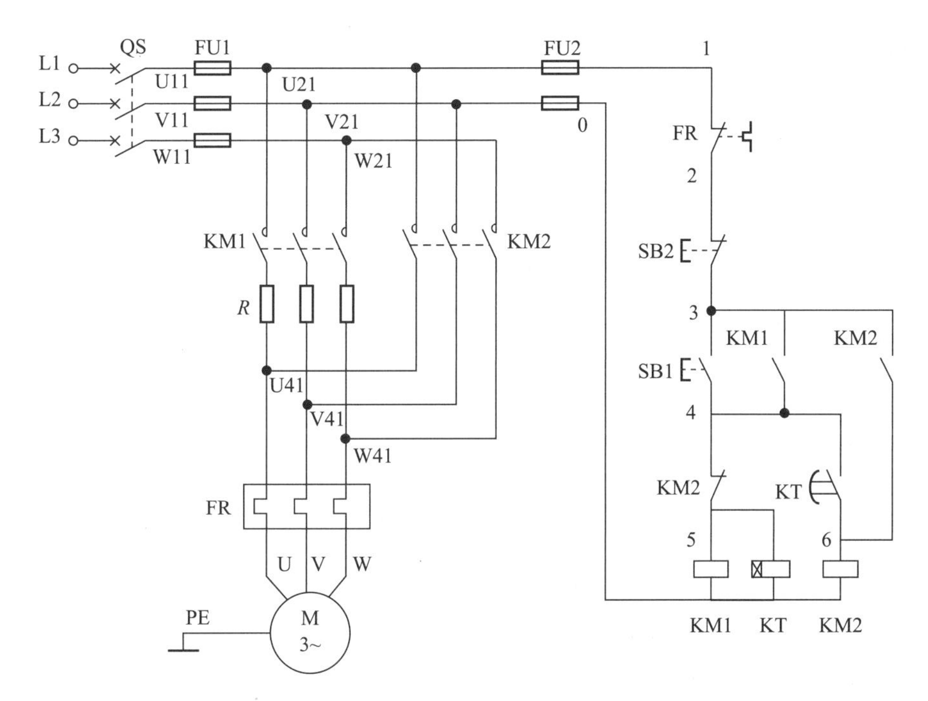

图 2－49　定子绕组串接电阻减压起动控制电路

二、Y－△减压起动

Y－△减压起动是指电动机起动时，把定子绕组接成星形，以降低起动电压，限制起动电流，待电动机起动后，再把定子绕组的连接形式改成三角形，因此Y－△减压起动适用于定子绕组为三角形接法的三相异步电动机。

在起动过程中，电动机定子绕组接成星形，每组绕组承受的电压为额定电压的 $1/\sqrt{3}$，起动电流为三角形接法时的 1/3，起动转矩也只有三角形接法时的 1/3，因此这种起动方法适用于空载和轻载起动。

Y－△减压起动控制电路如图 2－50 所示，图中 SB1 为起动按钮，SB2 为停车按钮，交流接触器 KM1 和 KM2 在减压起动过程中使交流电机定子绕组接成星形，KM1 和 KM3 交流接触器通电使交流电机绕组接成三角形，时间继电器 KT 控制电动机起动的时间（Y）和运行状态（△）的改变。

电路工作原理如下：

合上总开关 QS，起动：

停车：按下 SB2 停车按钮，控制电路断电，电动机 M 停止转动。

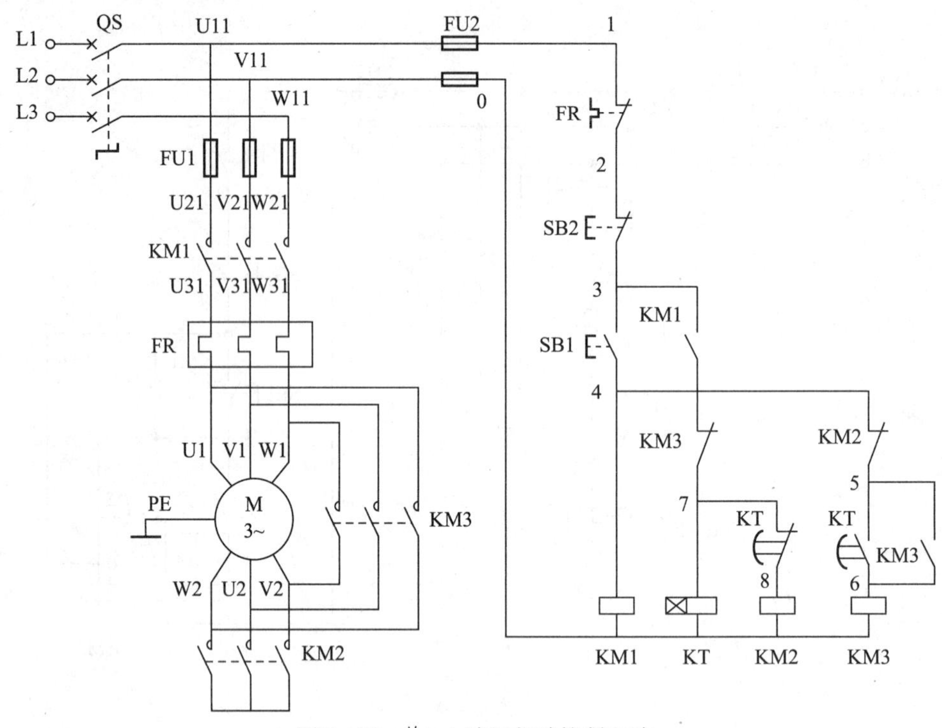

图 2-50　Y-△减压起动控制电路

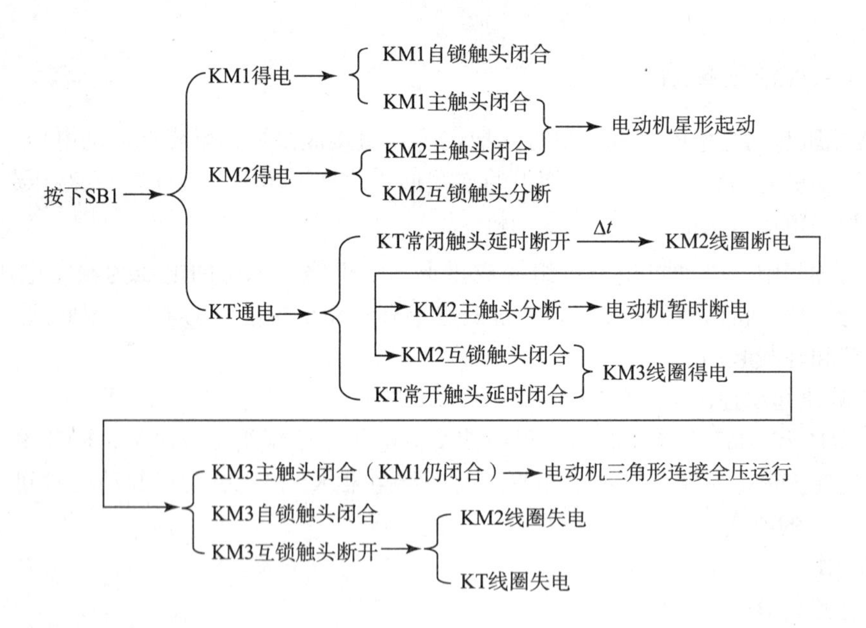

三、自耦变压器减压起动

自耦变压器减压起动时，自耦变压器一次侧接在电网上，二次侧接在三相异步电动机定子绕组上。电动机起动时，定子绕组得到的电压是自耦变压器的二次侧的电压 U_2，即 $U_2 = \frac{1}{k} \cdot U_1$，待电动机转速接近稳定转速时，将自耦变压器切除，电动机在全压下正常运行。由于三相异步电动机的起动转矩正比于电压的平方，因此自耦变压器减压起动时的起动转矩

降为直接起动时的 $1/k^2$，因此自耦变压器减压起动常用于电动机的空载或轻载起动。

自耦变压器的二次绕组上一般有多个抽头，以获得不同的二次电压，从而满足不同起动场合下的使用要求。

自耦变压器减压起动控制电路如图 2－51 所示。其中 TM 为自耦变压器，SB1 为起动按钮，SB2 为停止按钮，KM1 为减压起动接触器，KM2 为全压运行接触器，KT 为减压起动时间继电器。当 KM1 交流接触器线圈通电而 KM2 交流接触器线圈断电时，电动机减压起动；当 KM2 交流接触器线圈通电而 KM1 交流接触器线圈断电时，电动机全压运行。

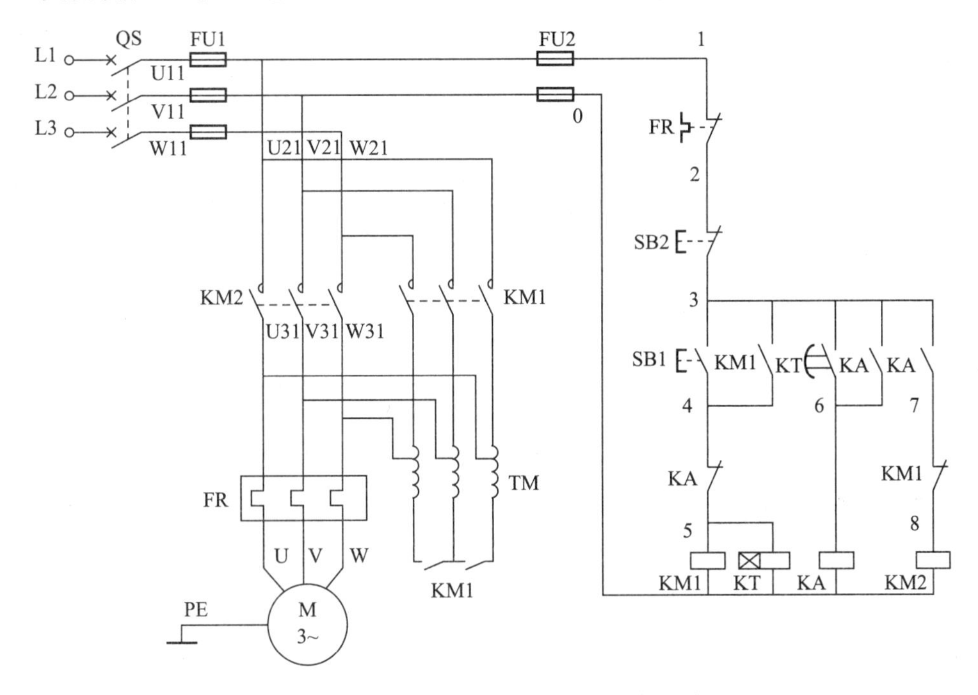

图 2－51　自耦变压器减压起动控制电路

电路的工作原理如下：

合上总开关 QS，接通主电路和控制电路的电源，此时电路无动作。

起动时按下 SB1 按钮，操作后的动作过程如下：

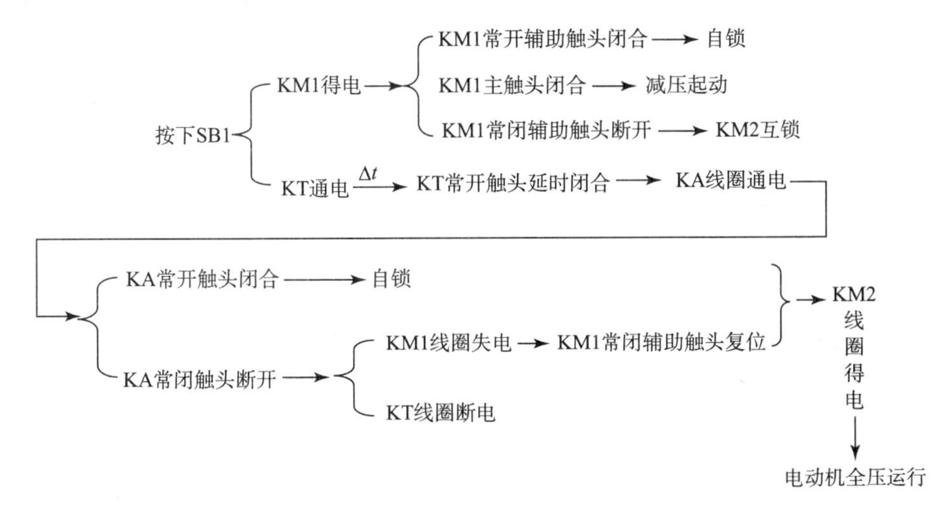

停车时按下 SB2 停车按钮，控制电路断电，电动机 M 停止转动。

任务五　电动机减压起动电路的安装与调试

电动机减压起动电路的实现有多种方式，本次电路的安装与调试选用了Y－△减压起动控制电路进行实际操作。

一、器件准备及检测

根据图 2－50 所示的Y－△减压起动控制电路，除了需要准备三相交流电源、电工通用工具（测电笔，"－"字、"＋"字螺钉旋具，剥线钳，尖嘴钳，电工刀等）、万用表（指针式万用表，如 MF47、MF368、MF500 等）、劳保用品（绝缘鞋、工作服）等物品外，选用的元器件见表 2－5。

表 2－5　元器件明细

序号	名称	型号与规格	数量
1	三相异步电动机	Y112M－4，4kW，380V，三角形接法	1 台
2	组合开关	HZ10－25/3	1 只
3	低压断路器	DZ47－63，380V，20A，整定电流 10A	1 个
4	熔断器	RT18－32，500V，配 10A 熔体	3 只
5	熔断器	RT18－32，500V，配 4A 熔体	2 只
6	交流接触器	CJX－22，线圈电压 380V	3 只
7	热继电器	LR2－D13，线圈电压 380V，整定电流 9.6A	1 只
8	时间继电器	ST3P，线圈电压 380V	1 只
9	按钮	LA－18，5A，红色、绿色各 1 只	2 只
10	端子排	JX2－1015	1 条
11	塑料硬铜线	BV 2.5mm^2，BV 1.5mm^2	若干
12	塑料软铜线	BVR 0.75mm^2	若干

二、控制电路的安装

（1）绘制布置图和接线图。

（2）安装，布线。

在控制板上按布置图安装电气元件，并贴上醒目的文字符号。在控制板上按接线图进行线槽布线。

（3）安装电动机，连接外部的导线。

安装电动机，做到安装牢固平稳，以防产生滚动而引起事故；连接电动机和按钮金属外壳的保护接地线；连接电动机、电源等控制板外部的导线。

（4）自检电路。

安装完毕，认真检查无误后才允许通电试车。

①按电路图、接线图从电源端开始，逐段核对接线有无漏接、错接之处，检查导线接点是否符合要求，压接是否牢固。

②用万用表检查电路通断情况，用手动操作来模拟触头的分合动作。

(5) 通电试车。

上述各项检查合格后，清除安装板上的线头杂物，检查三相电源，调整热继电器的整定电流。在一人操作一人监护下通电试车。通电试车后，断开电源，先拆除三相电源线，再拆除电动机负载线。

三、故障检修

故障一：星形连接时，起动过程正常，但随后电动机发出异常声音，转速也急剧下降。

分析现象：接触器切换动作正常，表明控制电路接线无误。问题出现在接上电动机后，从故障现象分析，很可能是电动机主回路接线有误，使电路由星形连接转到三角形连接时，送入电动机的电源顺序改变了，电动机由正常起动突然变成了反序电源制动，强大的反向制动电流造成了电动机转速急剧下降和异常声音。

处理故障：核查主回路接触器及电动机接线端子的接线顺序。

故障二：电路空载实验工作正常，接上电动机试车，起动电动机时，电动机发出异常声音，转子左右颤动，立即按 SB2 停止，停止时 KM2 和 KM3 的灭弧罩内有强烈的电弧现象。

分析现象：空载实验时接触器切换动作正常，表明控制电路接线无误。问题出现在接上电动机后，从故障现象分析，这是由于电动机缺相。电动机在星形连接起动时有一相绕组未接入电路，造成电动机单相起动，由于缺相，绕组不能形成旋转磁场，使电动机转轴的转向不定而左右颤动。

处理故障：检查接触器接点闭合是否良好，接触器及电动机端子的接线是否紧固。

故障三：空载实验时，一按起动按钮 SB1，KM2 和 KM3 就噼叭噼叭切换而不能吸合。

分析现象：一起动 KM2 和 KM3 就反复切换动作，这说明时间继电器没有延时动作，一按 SB1 起动按钮，时间继电器线圈得电吸合，KT 触头也立即动作，这造成了 KM2 和 KM3 的相互切换，不能正常起动。故障出现在时间继电器的触头上。

处理故障：检查时间继电器的接线，可发现时间继电器的触头使用错误，其接到时间继电器的瞬动触头上了，所以一通电触头就动作，将电路改接到时间继电器的延时触头上以故障排除。

任务六　电动机点动、两地控制电路的设计

一、点动控制

混凝土搅拌机中水泵电动机、点动葫芦的起重电动机控制、车床托板箱快速移动电动机控制、机床中做加工准备时的对刀等都要求在短时间内进行工作，电动机的这种控制运动叫作点动。

点动控制是指按下按钮，电动机得电运转；松开按钮，电动机断电停转。点动控制电路如图 2－52 所示。

合上 QS 后，因没有按下点动起动按钮 SB，交流接触器 KM 线圈没有得电，KM 的主触头断开，电动机 M 不得电，所以不会起动。按下按钮 SB 后，交流接触器 KM 线圈得电，其常开主触头 KM 闭合，电动机起动运行；松开按钮 SB 时，按钮在复位弹簧的作用下自动复位，交流接触器 KM 线圈断电，接触器的主触头 KM 断开，电动机 M 停止转动。

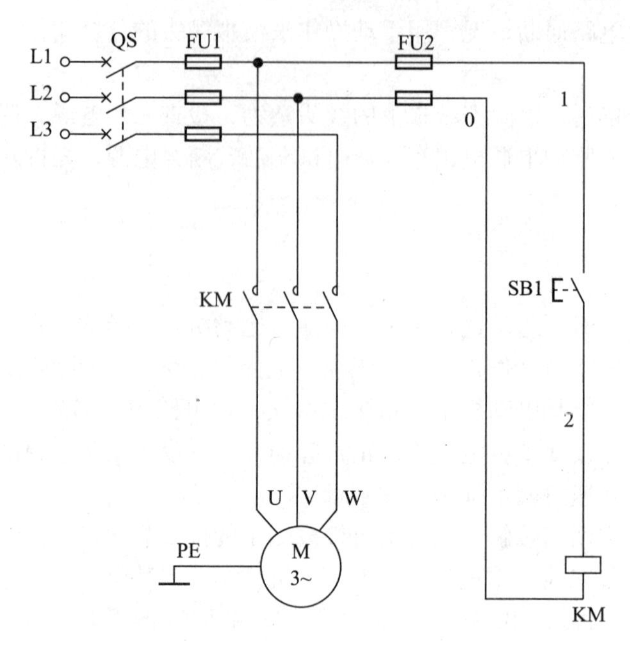

图 2－52　点动控制电路

可以看出，电动机点动和前述章节所讲的电动机的连续控制的区别主要在于自锁触头是否成为交流接触器 KM 线圈通电的路径。所以，只要控制好了自锁触头的通电路径，就可以很好地控制电动机的点动和连续运转。

二、两地控制

为了操作方便，一台设备可以有几个操作控制站，即能在两地（就地和远方）或多地控制同一台电动机的控制方式称为电动机的两地控制或多点控制。图 2－53 所示为两地控制电路，其中两地起动按钮 SB1 和 SB4 并联，两地停止按钮 SB2 和 SB3 串联。

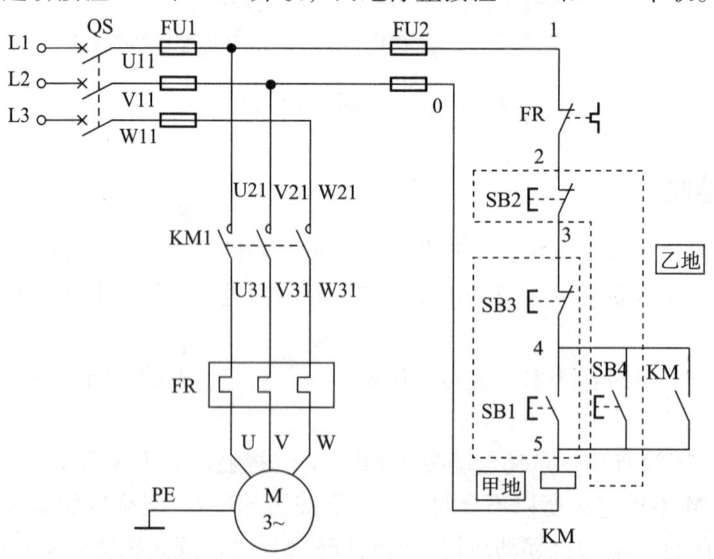

图 2－53　两地控制电路

起动时：合上开关 QS 接通三相电源，按下起动按钮 SB1 和 SB4，交流接触器 KM 线圈通电吸合，主触头闭合，电动机运行，同时 KM 辅助常开触头闭合自锁。

停止时：按下停止按钮 SB2 和 SB3，交流接触器 KM 线圈失电，KM 的触头全部释放，电动机停止。

按照上述工作就可以分别在甲、乙两地起、停同一台电动机，达到操作方便的目的。该控制方式适用于危险作业场合或无人值守场所的机电设备。

任务七　电动机制动电路的设计

一般情况下，电动机从切断电源到安全停止转动，由于惯性的作用要经过一段时间，如果设备对停止的要求不高，就可以采用直接切断电源的方法让电动机停止。对混凝土搅拌机中的上料电动机来说，在运料高位点停止时，由于其本身具有重力势能，如果单纯地采用直接切断电源的方法让电动机停止，料斗有可能因为重力的作用而带动电动机的轴转动，引起下滑。因此为了保证混凝土搅拌设备的可靠性，应对电动机停车时的惯性作用采取措施，以强制其迅速停车，这就是“制动”。

三相异步电动机的制动分为两大类：机械制动和电气制动。

一、机械制动

所谓机械制动，就是利用外加的机械作用力使电动机转子迅速停止旋转的一种方法，由于这个外加的机械作用力，常常采用制动闸紧紧抱住与电动机同轴的制动轮来产生，所以机械制动往往俗称为抱闸制动。

机械制动装置有电磁抱闸和电磁离合器两种，它们的制动原理基本相同。电磁抱闸的结构及电气符号如图 2－54 所示。

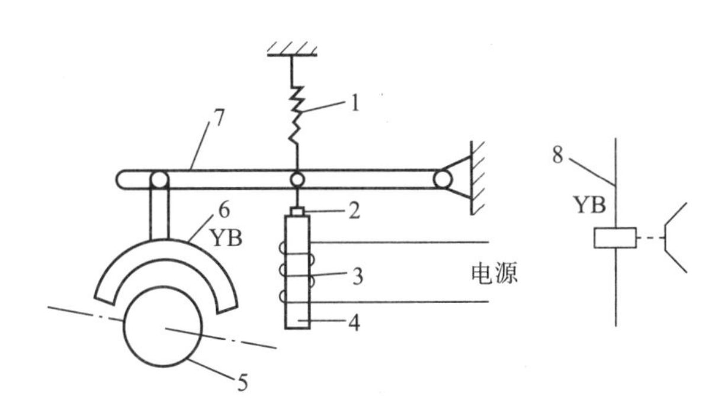

图 2－54　电磁抱闸制动器

1—弹簧；2—衔铁；3—线圈；4—铁芯；5—闸轮；6—闸瓦；7—杠杆；8—电气符号

电磁抱闸制动器主要由制动电磁铁（线圈、衔铁、铁芯）和闸瓦制动器（弹簧、闸轮、杠杆、闸瓦）组成，闸轮与电动机装在同一根转轴上，电动机接通电源，同时电磁抱闸线圈也得电，衔铁吸和，克服弹簧的拉力使制动器的瓦闸与瓦轮分开，电动机正常运转。断开开关或接触器，电动机失电，同时电磁抱闸线圈也失电，衔铁在弹簧拉力的作用下与铁芯分开，并使制动器的闸瓦紧紧抱住闸轮，电动机被制动而停转，制动的强度可以通过调整机械结构来改变。

机械制动控制电路分为断电制动型和通电制动型两种。断电制动控制电路如图 2-55 所示。

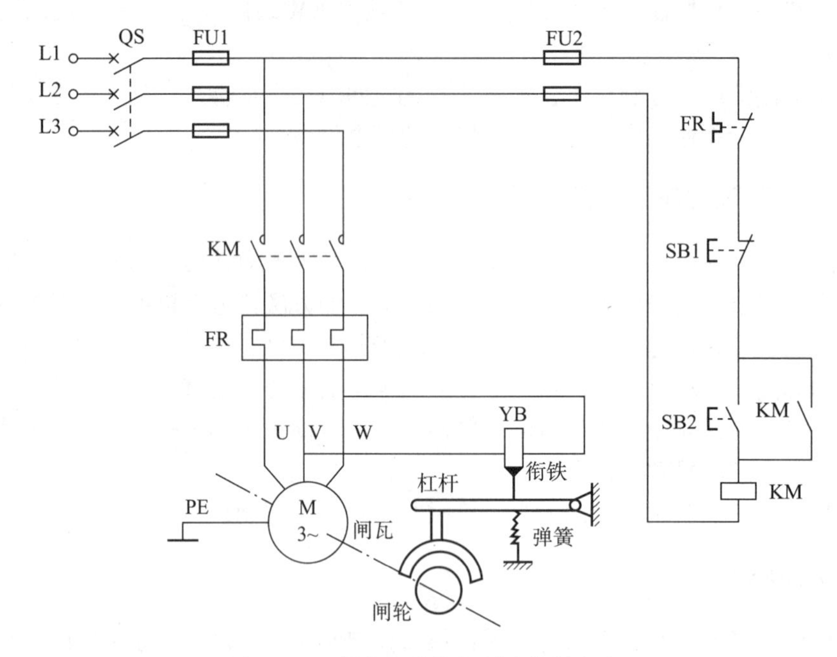

图 2-55 断电电磁抱闸制动控制电路

合上电源开关 QS，按下起动按钮 SB2，接触器线圈 KM 通电，KM 的主触头闭合，电动机通电运行，同时电磁抱闸线圈 YB 获电，吸引衔铁，使之与铁芯闭合，衔铁克服弹簧拉力，使杠杆顺时针方向旋转，从而使闸瓦与闸轮分开，电动机正常运行。

当按下停止按钮 SB1 时，接触器线圈断电，KM 主触头恢复断开，电动机断电，同时电磁抱闸线圈 YB 也断电，杠杆在弹簧恢复力的作用下，闸瓦将安装在电动机转轴上的闸轮紧紧抱住，电动机迅速停止转动。

这种制动控制电路常应用在电梯、起重机、卷扬机等升降设备中，其优点是能够准确定位，同时可以防止电动机突然断电或电路出现故障时重物自行坠落。

二、电气制动

电气制动是使电动机停车时产生一个与转子原来的转动方向相反的制动转矩来使电动机迅速停车。常用的电气制动有反接制动和能耗制动两种。

1. 反接制动控制电路

反接制动是靠改变电动机定子绕组中三相电源的相序，产生一个与转子转动方向相反的电磁转矩，此时的电磁转矩是一个制动转矩，从而使电动机迅速停转。但是要特别注意，当电动机的转速接近零时，应立即切断电源，否则电动机将反向起动，因此反接制动中采用速度继电器来检测电动机的速度变化。反接制动控制电路如图 2-56 所示。

在电源反接的制动中，电动机转子与定子旋转磁场的相对速度接近同步转速的 2 倍，因此反接制动电流接近电动机全压起动时起动电流的 2 倍，于是其产生过大的制动转矩且使电

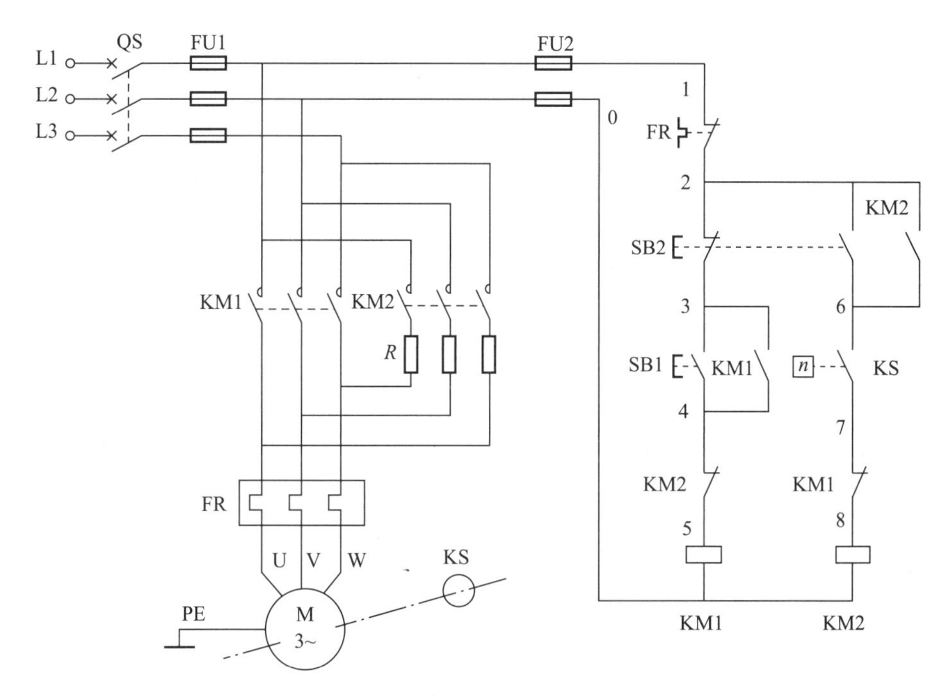

图 2－56　反接制动控制电路

动机绕组过热。因此，电源反接制动时，在电动机定子电路中应串入限流电阻。KM1 为电动机运行交流接触器，KM2 为反接制动交流接触器，KS 为速度继电器，*R* 为限流电阻，SB1 为起动按钮，SB2 为停止按钮。

起动时，按下起动按钮 SB1，接触器 KM1 通电并自锁，电动机 M 通电运行。电动机正常运转时，速度继电器 KS 的常开触头闭合，为反接制动作好准备。

停车时，按下停止按钮 SB2，KM1 线圈断电，电动机 M 脱离电源，由于此时电动机具有惯性，其转速仍较高，KS 的常开触头仍处于闭合状态，所以 SB2 常开触头闭合时，反接制动接触器 KM2 线圈得电并自锁，其主触头闭合，使电动机得到相序相反的三相交流电源，进入反接制动状态，转速迅速下降。当转速接近零时，速度继电器常开触头复位，接触器 KM2 线圈断电，反接制动结束。

反接制动的优点是制动力强、制动迅速；其缺点是制动准确性差、制动过程中的冲击力强烈、易损坏传动零件、制动能量消耗较大。因此反接制动一般用于制动要求迅速、系统惯性较大、不经常起动与制动的场合。

2. 能耗制动控制电路

能耗制动是在三相交流异步电动机断开三相交流电源的同时，立即在定子绕组的任意两相中接通直流电，以产生定子固定磁场。电动机转子在惯性的作用下旋转时，切割定子固定磁场而在转子中产生感应电动势，流过感应电流。转子感应电流与固定磁场相互作用产生电磁力和电磁转矩。该转矩方向与转子旋转方向相反，是一个制动转矩，从而使电动机的转速迅速下降至零。这种制动方法实质上是把转子原来“储存”的机械能转变成电能，又将其消耗在转子上，因而叫作“能耗制动”。

能耗制动按照接入直流电源的控制方法不同，分为速度原则控制和时间原则控制，相应的控制元件为速度继电器和时间继电器。图 2－57 所示为时间原则控制的能耗制动控制电路图。其中 KM1 为电动机运行交流接触器，KM2 为能耗制动接触器，KT 为时间继电器，T 为整流变压器，主电路在进行能耗制动时所需的直流电源由 4 个二极管组成单相桥式整流电路，通过 KM2 交流接触器引入，交流电源与直流电源的切换由 KM1 和 KM2 来完成。

起动时，按下起动按钮 SB1，接触器 KM1 通电并自锁，电动机 M 通电运行。此时三相交流异步电动机由交流电源供电。

停车时，按下停止按钮 SB2，KM1 线圈断电，电动机 M 脱离电源，但由于此时反接制动接触器 KM2 线圈得电并自锁，电动机得到了经过整流电路得到的直流电，电动机进入到能耗制动阶段。当时间继电器到达延时时间时，其延迟常闭辅助触头断开，使 KM2 线圈断电，能耗制动结束。

在该电路中 KT 常开瞬动触头与 KM2 常开辅助触头串接保持自锁，这是为了避免时间继电器线圈断线或其他故障，使 KT 常闭延时触头不能断电，导致 KM2 交流接触器长期通电和电动机定子长期通入直流电源。

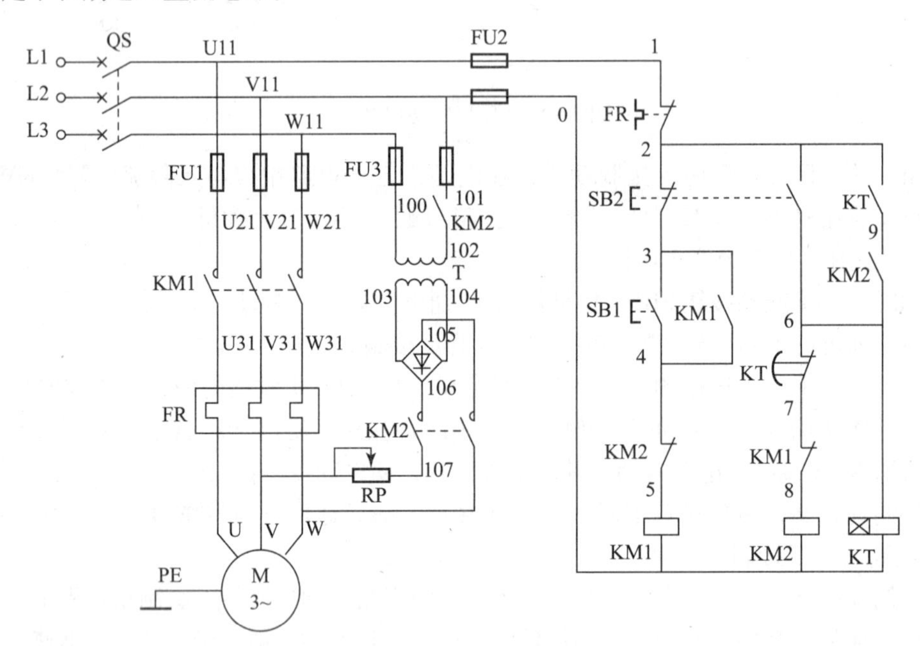

图 2－57　时间原则控制能耗制动控制电路

能耗制动的优点是制动力较强、能耗少、制动较平稳、对电网的冲击小；其缺点是低速时制动力矩也随之减小、不易制停、需要直流电源。能耗制动常用于机床设备中。

任务八　搅拌机控制电路的设计

一、主电路的设计

由 QS 将电源引入，FU1 实现总体短路保护。搅拌电动机 M1 需正、反转控制且功率较大，为 30kW，所以应采用定子绕组串接电阻降压起动方式，由 FU2 实现短路保护，FR1 实现过载保护，KM1 接通正转电路搅拌，KM2 接通反转电路将搅拌好的料倒出，KM3 用于短接电阻以结束降压起动过程；上料电动机 M2 需正、反转控制，由于料斗斜向进给，为了安全起见，应采用断电抱闸制动控制方式。M2 运行时制动闸处于松动状态，M2 停止时抱闸制动，由 FU3 实现短路保护，FR2 实现过载保护，KM4 接通正转电路上行进料，KM5 接通反转电路使料斗下行，KM6 用于接通制动器。水泵电动机只需要点动控制，由 KM7 控制通、断电，FU4 实现短路保护，由于通电时间较短，所以没有设定过载保护。搅拌机主电路如图 2－58 所示。

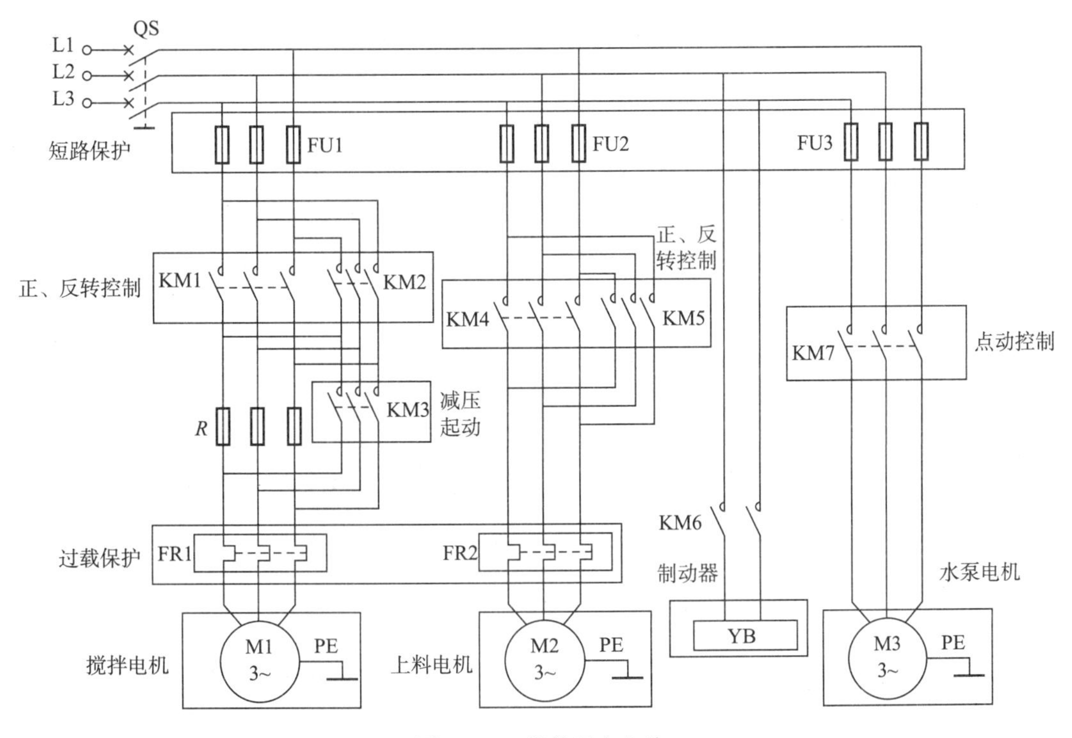

图 2－58　搅拌机主电路

二、控制电路的设计

搅拌机的控制电路如图 2－59 所示，电路的工作原理如下。

1. 搅拌电机的控制

按下按钮 SB2（SB3），交流接触器 KM1（KM3）线圈带电并自锁，同时实现互锁，电动机串入电阻降压起动，不管电动机正转还是反转起动，时间继电器 KT 线圈通电，延时时间到后，KT 的常开触头将 KM3 线圈接通并自锁，KM3 的主触点闭合将电阻 *R* 短接，降压起动结束，同时常闭辅助触头将 KT 线圈与电源断开。

按下停止按钮 SB1，电动机自由停车。

2. 上料电动机的控制

按下起动按钮 SB5（SB6），中间继电器 KA1（KA2）接通，首先使交流接触器 KM6 线圈通电，制动轮松开，然后相应的交流接触器 KM4（KM5）接通，电动机正转使料斗上行

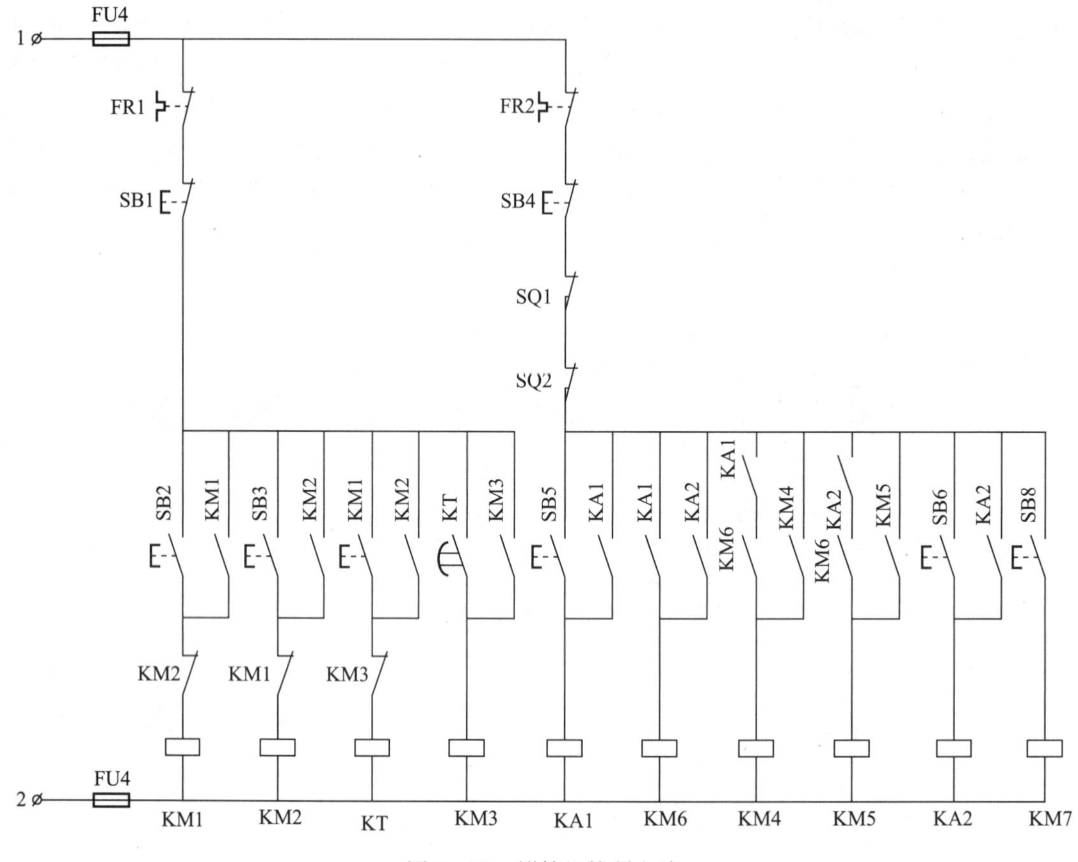

图 2－59　搅拌机控制电路

（反转使料斗下降）；按下停止按钮 SB4，或者由于上料电动机过载使 FR2 触头断开，或者由于上行（下降）到了相应的位置，位置开关 SQ1（SQ2）检测到信号，常闭触头断开，则 KA1（KA2）、KM4（KM5）、KM6 线圈失电，M2 与电源脱离，同时制动轮抱闸，电动机停止工作。

3. 水泵电动机的控制

按下按钮 SB8，交流接触器 KM7 线圈通电，电动机转动，水泵供水；松开 SB8，交流接触器 KM7 线圈失电，水泵停止供水。

【技能训练】

实验 9　两地控制

一、实验目的

（1）掌握两地控制的特点，使学生对机床控制中的两地控制有感性的认识；

（2）通过对此实验的接线，掌握两地控制的应用场合。

二、实验设备

序号	型号	名称	数量
1	WDJ24	三相笼型异步电动机（△/220V）	1 件
2	D61	继电接触控制挂箱（一）	1 件
3	D62	继电接触控制挂箱（二）	1 件

三、实验内容及步骤

在确保断电的情况下按图 2－60 所示工作原理图接线。图中 SB1、SB2、SB3、KM1、FR1 选用编号为 D61 的挂件，Q1、FU1、FU2、FU3、FU4、SB4 选用编号为 D62 的挂件，电机选用 WDJ24（△/220V）。

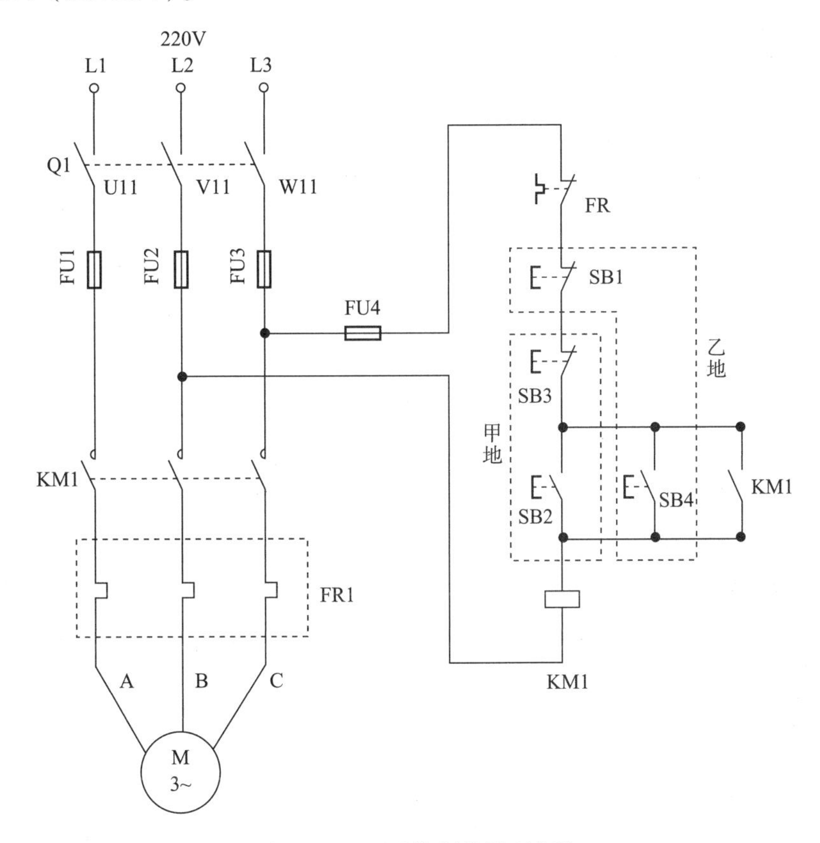

图 2－60　两地控制的原理电路

（1）按下屏上的起动按钮，合上开关 Q1，接通 220V 三相交流电源。

（2）按下 SB2，观察电动机及接触器的运行状况。

（3）按下 SB1，观察电动机及接触器的运行状况。

（4）按下 SB4，观察电动机及接触器的运行状况。

（5）按下 SB3，观察电动机及接触器的运行状况。

四、注意事项

在连接实验线路图时确保电源断电。

实验 10　工作台自动往返循环控制

一、实验目的

（1）通过对工作台自动往返循环控制电路的实际安装接线，掌握由电气原理图变换成安装接线图的方法，掌握行程控制中行程开关的作用；

（2）通过实验进一步加深自动往返循环控制在机床电路中的应用场合。

二、实验设备

序号	型号	名称	数量
1	WDJ24	三相笼型异步电动机（△/220V）	1 件
2	D61	继电接触控制挂箱（一）	1 件
3	D62	继电接触控制挂箱（二）	1 件

三、实验内容及步骤

（1）图 2－61 所示为工作台自动往返循环示意。当工作台的挡铁停在行程开关 ST1 和 ST2 之间的任何位置时，可以按下任一启动按钮 SB1 或 SB2 使之运行。例如按下 SB1，电动机正转带动工作台左进，当工作台到达终点时挡铁压下终点行程开关 ST1，使其常闭触头 ST1－1 断开，接触器 KM1 因线圈断电而释放，电机停转；同时行程开关 ST1 的常开触头 ST1－2 闭合，使接触器 KM2 通电吸合且自锁，电动机反转，拖动工作台向右移动；同时 ST1 复位，为下次正转作准备。当电动机反转拖动工作台向右移动到一定位置时，挡铁 2 碰到行程开关 ST2，使 ST2－1 断开，KM2 断电释放，电动机停电释放，电动机停转；同时常开触头 ST2－2 闭合，使 KM1 通电并自锁，电动机又开始正转，如此反复循环，使工作台在预定行程内自动反复运动。

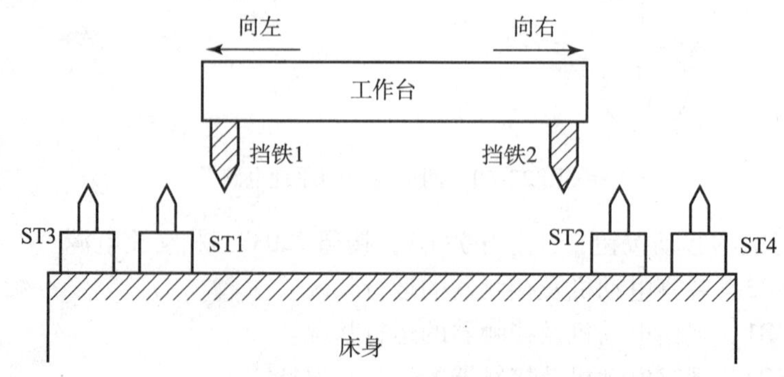

图 2－61　工作台自动往返循环

（2）按图 2－62 所示电路接线。图中 SB1、SB2、SB3、FR1、KM1、KM2 选用 D61 挂件，FU1、FU2、FU3、FU4、Q1、ST1、ST2、ST3、ST4 选用 D62 挂件，电动机选用 WDJ24（△/220V）。

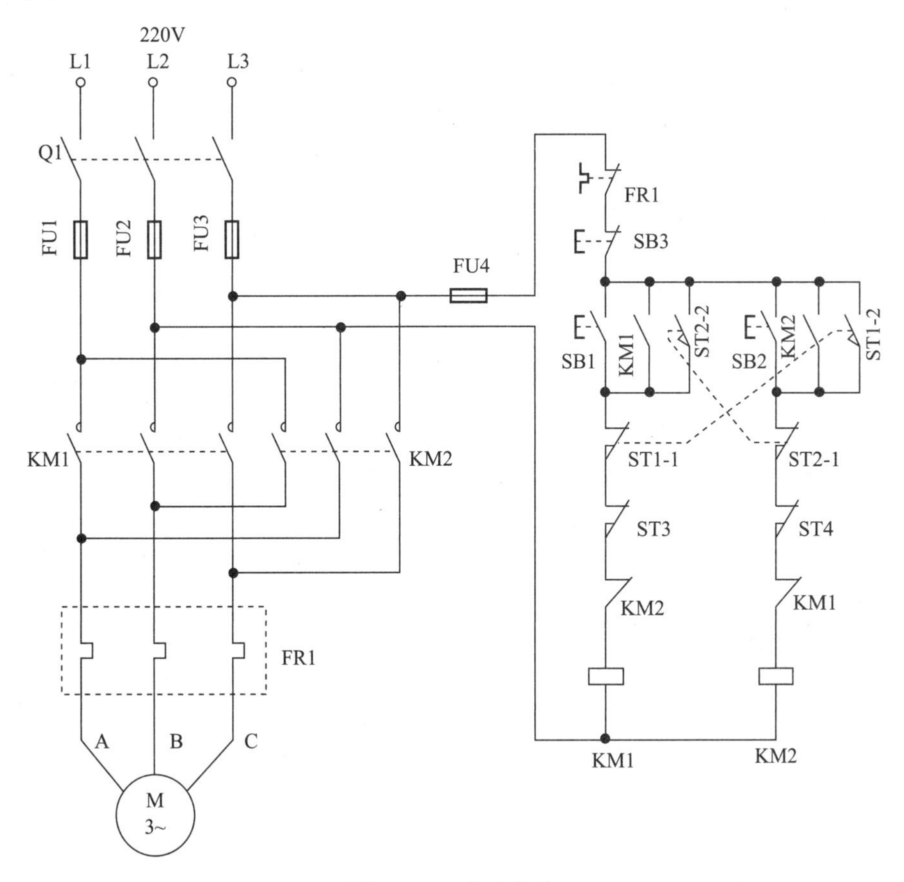

图 2－62　实验电路

经指导老师检查无误后通电操作：

（1）合上开关 Q1，接通 220V 三相交流电源。

（2）按 SB1 按钮，使电动机正转约 10s。

（3）用手按 ST1（模拟工作台左进到终点，挡铁压下行程开关 ST1），观察电动机应停止正转并变为反转。

（4）反转约 0.5min，用手压 ST2（模拟工作台右进到终点，挡铁压下行程开关 ST2），观察电动机应停止反转并变为正转。

（5）正转 10s 后按下 ST3 和反转 10s 后按下 ST4，观察电动机的运转情况。

（6）重复上述步骤，电路应能正常工作。

四、注意事项

（1）在连接实验电路图时确保电源断电。

（2）KM1 与 KM2 的辅助触头连接前要确定触头的工作形式。

【知识窗】

电气控制系统设计概述

电气控制线路设计的基本任务是根据控制要求，设计和编制出设备制造和使用维护过程中所必需的图纸、资料，其中包括电气原理电路图、电气元件布置图、电气安装接线图、单台元件清单、设备说明书等资料。

一、电气控制系统设计的原则

（1）从工程实际出发，满足生产机械和生产工艺对电气控制的要求。

（2）在保证电气控制电路工作安全、可靠的前提下，尽量使控制线路简单、经济。

（3）为了保证系统运行的安全性和可靠性，电气控制电路应该具备完善的保护环节，如短路保护、过电流保护、过载保护、失压保护、弱磁保护、极限保护等。

（4）对于电气控制设备而言，应力求其维修方便、使用简单。

二、电气控制系统设计的主要内容

（1）拟定电气控制设计任务书；

（2）确定电力设备的拖动方案并选择合适的电机；

（3）设计合理的电气控制电路；

（4）计算主要技术参数，选择合适的各种控制电器；

（5）绘制电气元件布置图、安装接线图，并进行电气设备总体配置设计；

（6）对控制系统进行安装、调试；

（7）编写设计说明书和使用维护说明书。

三、电气控制电路的设计方法

1. 经验设计法

经验设计法又称为分析设计法，是根据生产机械的工艺要求和生产过程，选择适当的基本环节或典型电路综合设计电气控制线路。

所谓经验设计法，即要求设计人员必须熟悉和掌握大量的基本电气环节和典型电路，熟练掌握常用的电动机的起动，停止，正、反转，制动，调速，各种联锁环节等，具有丰富的设计经验。

一般不太复杂的电气控制线路都可以按照这种方法进行设计。这种方法易于掌握，便于推广，但在设计的过程中需要反复修改设计草图以得到最佳设计方案，因此设计速度较慢，且必要时还要对整个电气控制线路进行模拟实验。

2. 逻辑设计法

逻辑设计法是利用逻辑代数来设计电气控制线路，将控制线路中的接触器、继电器等电气元件线圈的通电与断电，触头的闭合与断开，以及主令元件的接通与断开等均看成逻辑变量，配合生产工艺过程，考虑控制线路中各逻辑变量之间所需要满足的逻辑关系，按照一定的方法和步骤设计出符合生产工艺要求的电气控制线路。

【思考与练习四】

1. 什么叫自锁？试设计一个简单的带自锁的电机起动与停止控制电路。

2. 电动机主电路中已装有熔断器，为什么还要装热继电器？它们的作用是否相同？

3. 交流接触器的主触头、辅助触头和线圈各接在什么电路中？如何连接？

4. 甲、乙两个接触器，欲实现甲工作后乙才工作，应如何进行连接？

5. 有两盏信号灯，起动后，两盏灯交替循环点亮，每盏灯亮的时间是4s，试设计其控制线路。

6. 利用按钮控制三台电动机M1、M2、M3的顺序起动和逆序停车，试设计其控制线路。

7. 对于某机床的液压泵电动机M1和主电动机M2的运行情况，有如下要求：（1）必须先起动M1，然后才能起动M2；（2）M2可以单独停转；（3）M1停转时，M2也应自动停转。

8. 三相笼型异步电动机允许采用直接起动的容量是如何确定的？

9. 电动机的点动控制和连续控制的关键区别是什么？

10. 什么是降压起动？常见的降压起动有哪几种？

11. 图2－63所示的控制电路能否使电动机进行正常点动控制？如果不行，指出可能出现的故障现象，并将其改正确。

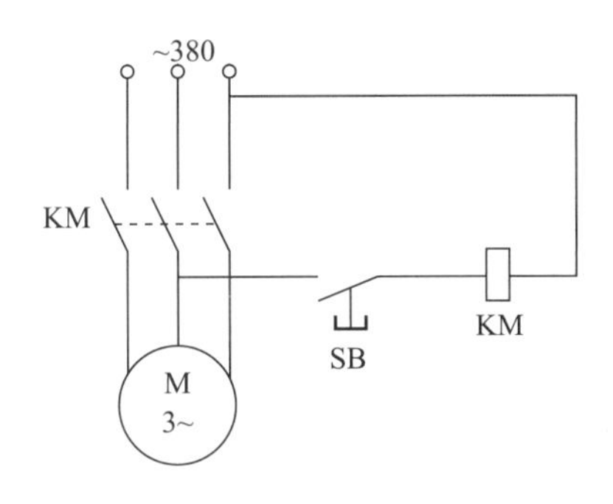

图2－63 控制电路

12. 设计一个电路，控制两台电动机的同时起动和同时停止。设计要求：所用的控制按钮至多4个，交流接触器至多3个。

13. 试设计一个控制电路（含主电路），能够实现对一台电动机进行Y－△减压起动手动和自动切换的控制，并具有必要的保护环节。

14. 设计一台电动机的控制电路，要求：该电动机能单向连续运行，并且能实现两地控制，有过载、短路保护。

15. 设计一个小车运行的控制电路及主电路，其动作过程如下：（1）小车由原位开始前进，到终点后自动停止；（2）在终点停留2min后自动返回原位停止。

16. 某机床由一台笼型三相异步电动机拖动，润滑油由另一台笼型三相异步电动机拖动，其均采用直接起动方式，具体控制要求如下：（1）主轴必须在油泵起动后才能起动；（2）主轴正常工作为连续运转，为了调试方便，要求能够进行正、反转点动控制；（3）主轴停车后才允许油泵停车；（4）电路具有短路、过载及失压保护。

【学习目标】

（1）掌握 Z3050 型摇臂钻床、X62W 万能铣床的结构及运动形式；
（2）掌握 Z3050 型摇臂钻床、X62W 万能铣床的电力拖动特点及控制要求。

【技能目标】

（1）能分析 Z3050 型摇臂钻床、X62W 万能铣床的电气控制电路；
（2）能对 Z3050 型摇臂钻床、X62W 万能铣床的电气控制电路进行故障分析及检修。

【相关知识点】

项目一　Z3050 型摇臂钻床电气控制电路的检修

任务一　认识 Z3050 型摇臂钻床

钻床是一种用途广泛的孔加工机床，主要用于钻削精度要求不太高的孔，还可用来扩孔、铰孔、镗孔，以及修刮平面、攻螺纹等。

钻床的结构形式很多，有立式钻床、卧式钻床、台式钻床、深孔钻床及多轴钻床等。摇臂钻床属于立式钻床，它适用于单件或批量生产中带有多孔的大型零件的孔加工。本项目着重介绍应用范围广泛的 Z3050 型摇臂钻床。

一、钻床的结构及运动形式

Z3050 型摇臂钻床的外形、结构如图 3－1 所示。

Z3050 型摇臂钻床主要由底座、内立柱、外立柱、摇臂、主轴箱、工作台等组成。内立柱固定在底座上，在它外面套着空心的外立柱，外立柱可绕着不动的内立柱回转一周。摇臂一端的套筒部分与外立柱滑动配合，借助丝杆，摇臂可沿着外立柱上下移动，但两者不能作相对转动，因此摇臂与外立柱一起相对内立柱回转。主轴箱是一个复合的部件，它由主传动电动机、主轴和主轴传动机构、进给和变速结构以及机床的操作机构等部分组成。主轴箱可沿着摇臂上的水平导轨作径向移动。当进行加工时，通过夹紧机构将外立柱紧固在摇臂导轨上，然后进行钻削加工。

图 3－1　Z3050 型摇臂钻床的外形、结构

1—底座；2—外立柱；3—内立柱；4—摇臂升降丝杠；5—摇臂；6—主轴箱；7—主轴；8—工作台

进行钻削加工时，摇臂钻床的主轴旋转为主运动，而主轴的直线移动为进给运动。

钻床型号的含义如下：

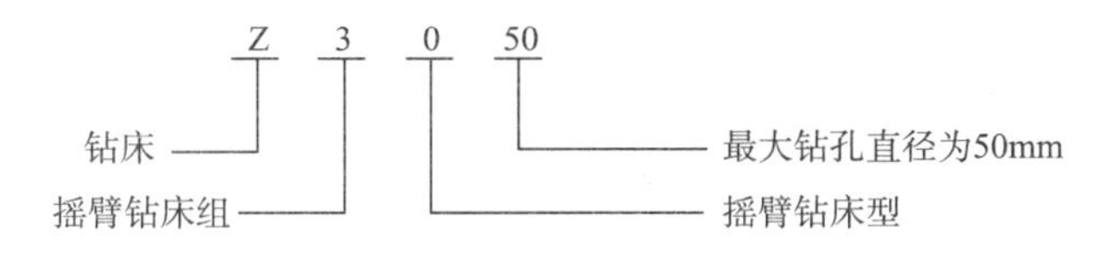

二、电力拖动特点及控制要求

摇臂钻床的电力拖动特点及控制要求如下：

（1）由于摇臂钻床的运动部件较多，为简化传动装置的结构，采用多电动机拖动。主拖动电动机承担主钻削及进给任务，摇臂升降，夹紧放松和冷却泵各用一台电动机拖动。

（2）主轴变速机构与进给变速机构应该放在一个变速箱内，而且两种运动由一台电动机拖动是合理的。

（3）为了适应多种加工方式的要求，主轴旋转及进给运动均有较大的调速范围，一般情况下由机械变速机构实现。为简化变速箱的结构，采用多速笼型异步电动机拖动。

（4）加工螺纹时，要求主轴能正、反向旋转，采用机械方法实现，因此，拖动主轴的电动机只需单向旋转。

（5）摇臂的升降由升降电动机拖动，要求能实现正、反向旋转，采用笼型异步电动机。

（6）摇臂的夹紧与放松以及立柱的夹紧与放松由一台异步电动机配合液压装置来完成，要求这台电动机能正、反转。

（7）钻削加工时，为对刀具及工件进行冷却，需要一台冷却泵电动机拖动冷却泵输送冷却液。

（8）要有必要的联锁和保护环节。

（9）机床应有安全照明和信号指示电路。

三、Z3050 型摇臂钻床的电气控制电路分析

Z3050 型摇臂钻床电气原理图如图 3－2 所示，电气控制原理图可分成三个部分，即主电路、控制电路和照明电路。

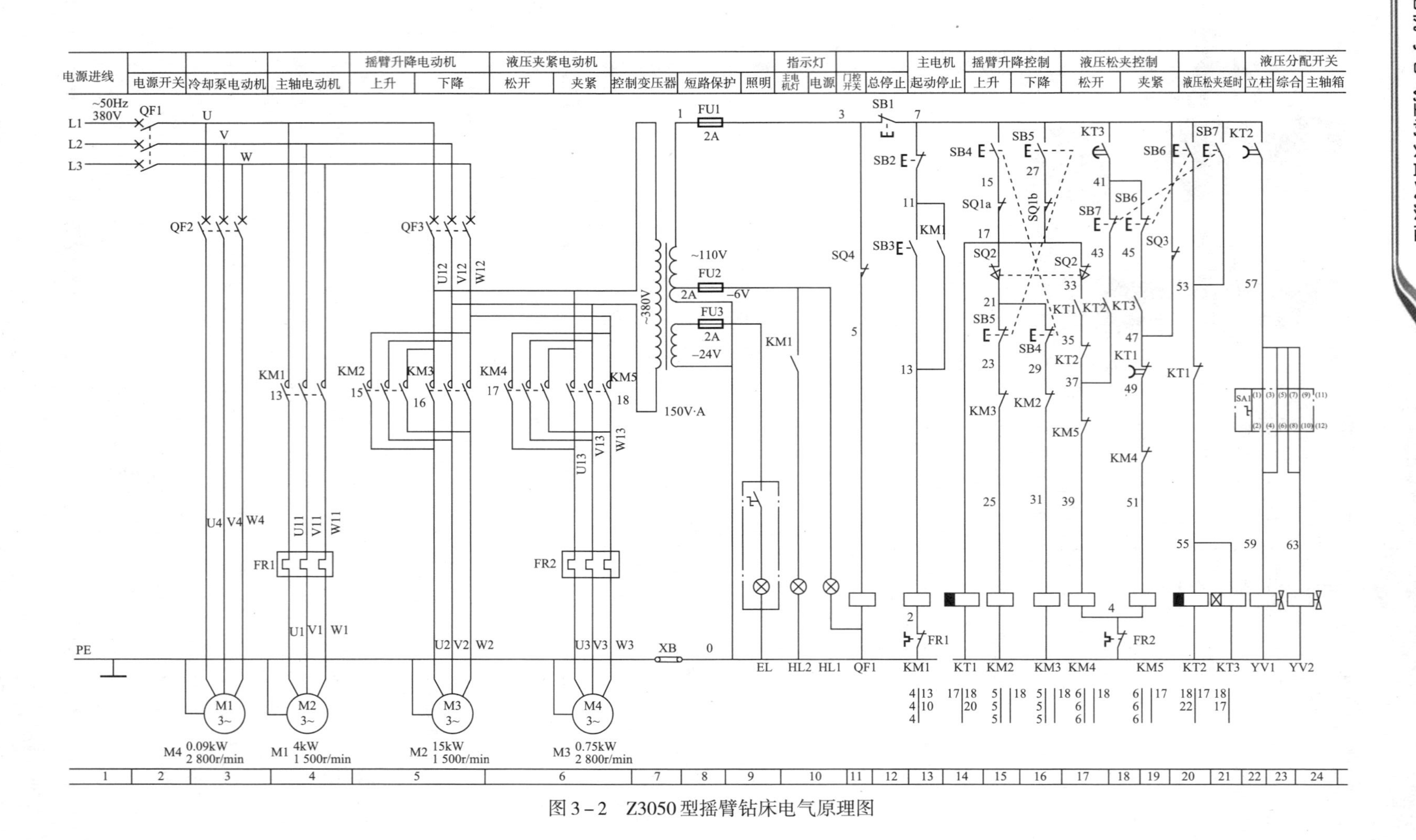

图3-2 Z3050型摇臂钻床电气原理图

1. 主电路

主电路中共有四台电机，除冷却泵电动机采用开关直接起动外，其余三台异步电动机均采用接触器控制起动。主电路电源电压为交流 380V，低压断路器 QF1 作为电源引入开关。

M1 为冷却泵电动机，给加工工件提供冷却液，功率很小，由开关 QF2 直接控制起动和停车。

M2 为主轴电动机，由交流接触器 KM1 控制，只要求单方面旋转，FR1 作过载保护。M2 装在主轴箱顶部，带动主轴及进给传动系统。

M3 为摇臂升降电动机，装于主轴顶部，用接触器 KM2 和 KM3 控制其正反转。由于电动机短时间工作，故不设过载保护装置。

M4 是液压泵电动机，该电动机的作用是实现摇臂和立柱的放松与夹紧，该电动机利用接触器 KM4 和 KM5 控制其正、反转。FR2 是该电动机的过载保护器。

M3、M4 共用 QF3 断路器中的电磁脱扣装置作为短路保护。

2. 控制电路

控制电路的电源由变压器将 380V 的交流电源降为 110V 后供给；控制电路所用部分低压器件的实现功能见表 3－1。

表 3－1　控制电路低压器件的实现功能

元器件名称	实现功能	元器件名称	实现功能
KM1	控制主轴电机 M2	SB1	总停止按钮
KM2	控制摇臂电机 M3 上升	SB2	主电动机停止按钮
KM3	控制摇臂电机 M3 下降	SB3	主电动机起动按钮
KM4	控制夹紧电机 M4 松开	SB4	摇臂电机上升按钮
KM5	控制夹紧电机 M4 夹紧	SB5	摇臂电机下降按钮
SQ1	摇臂上升上限位	SB6	立柱和主轴箱松开按钮
SQ2	摇臂下降下限位	SB7	立柱和主轴箱夹紧按钮
SQ3	自动夹紧控制开关	—	—

1）冷却泵电动机 M1 控制

扳动低压断路器 QF2，可以直接接通或者切断电源，操作冷却泵，但电动机 M4 有可能停止。

2）主轴电动机 M2 控制

按下起动按钮 SB3，则接触器 KM1 吸合，主触头闭合，电机 M2 通电运行。按下停止按钮 SB2，则接触器 KM1 释放，主触头恢复到常开状态，电动机 M2 断电，停止运行。

3）摇臂电动机 M3 控制

（1）摇臂上升控制。

按上升按钮 SB4，则时间继电器 KT1 线圈通电，它的瞬时闭合触头（17 区）闭合，接触器 KM4 线圈通电，液压泵电动机 M3 起动正向旋转，供给压力油。压力油经分配阀体进入摇臂的“松开油腔”，推动活塞移动，活塞推动菱形块，将摇臂松开。同时，活塞杆通过弹簧片使位置开关SQ2常闭触头断开、常开触头闭合。前者切断接触器KM4的线圈电路，KM4的主触头断开，液压泵电动机停止工作；后者使交流接触器KM2的线圈通电，其主触头接通M2的电源，摇臂升降电动机起动正向旋转，带动摇臂上升。如果此时摇臂尚未松开，则位置开关SQ2常开触头不闭合，接触器KM2就不能吸合，摇臂不能上升。

当摇臂上升到所需位置时，松开按钮SB4，则接触器KM2和时间继电器KT1同时断电释放，M2停止工作，摇臂随之停止上升。

由于时间继电器KT1断电释放，经过1～3s的延时后，其延时闭合的常闭触头（17区）闭合，接触器KM5线圈通电，液压泵电动机M3反向旋转，随之泵内压力油经分配阀进入摇臂的“夹紧油腔”，摇臂夹紧。在摇臂夹紧的同时，活塞杆通过弹簧片使位置开关SQ3的常闭触头断开，KM5断电释放，M3停止工作，完成了摇臂的“松开－上升－夹紧”的整套动作。

（2）摇臂下降控制。

按下起动按钮SB5，则时间继电器KT1通电吸合，其常开触头闭合，KM4线圈得电，液压泵电动机M3起动正向旋转，供给压力油。与上升控制过程相似，先使摇臂松开，接着压动位置开关SQ2，其常闭触头断开，KM4断电释放，液压泵电动机停止工作；其常开触头闭合，KM3线圈通电，摇臂升降电动机M2反向运转，带动摇臂下降。

当摇臂下降到所需位置时，松开按钮SB5，则接触器KM3和时间继电器KT1同时断电释放，M2停止工作，摇臂停止下降。

时间继电器KT1断电释放后经1～3s的延时，其延时闭合常闭触头闭合，KM5线圈得电，液压泵电动机M3反向旋转，随之摇臂夹紧。在摇臂夹紧的同时，位置开关SQ3常闭触头断开，KM5断电释放，M3停止工作，完成了摇臂的“松开－下降－夹紧”的整套动作。

组合限位开关SQ1a和SQ1b用来限制摇臂的升降过程。当摇臂上升到极限位置时，SQ1a动作，接触器KM2断电释放，M2停止运行，摇臂停止上升；当摇臂下降到极限位置时，SQ1b动作，接触器KM3断电释放，M2停止运行，摇臂停止下降。

摇臂的自动夹紧由位置开关SQ3控制。如果液压夹紧系统出现故障不能自动夹紧摇臂，或者由于SQ3调整不当，摇臂夹紧后SQ3的常闭触头不断开，其都会使液压泵电动机M3因长期过载运行而损坏。因此电路中设有热继电器FR2作M3的过载保护。

摇臂升降电动机的正、反转控制继电器不允许同时得电动作，以防止电源短路。为避免因操作失误等原因造成短路事故，在摇臂上升和下降的控制电路中采用了接触器的辅助触头互锁和复合按钮互锁两种保证安全的方法，以确保电路安全工作。

4）立柱和主轴箱的夹紧与松开控制

立柱和主轴箱的松开（或夹紧）既可以同时进行，也可以单独进行，由转换开关SA1和复合按钮SB6（或SB7）进行控制，复合按钮SB6是松开控制按钮，SB7是夹紧控制按钮。SA1有三个位置：扳到中间位置时，立柱和主轴箱的松开（或夹紧）同时进行；扳到左边位置时，立柱夹紧（或放松）；扳到右边位置时，主轴箱夹紧（或放松）。

（1）立柱和主轴箱同时松开、夹紧。

将转换开关SA1扳到中间位置，然后按松开按钮SB6，时间继电器KT2、KT3同时得电。KT2的延时断开常开触头闭合，电磁铁YA1、YA2得电吸合，而KT3的延时闭合常开触头经1～3s后才闭合。随后，KM4线圈得电，主触头闭合，液压泵电动机M3正转，供出的压力油进入立柱和主轴箱松开油腔，使立柱和主轴箱同时松开。

（2）立柱和主轴箱单独松开、夹紧。

将转换开关 SA1 扳到右侧位置，按下松开按钮 SB6（或夹紧按钮 SB7），此时时间继电器 KT2 和 KT3 的线圈同时得电，电磁铁 YA2 单独通电吸合，即可实现主轴箱的单独松开（或夹紧）。

松开复合按钮 SB6（或 SB7），时间继电器 KT2 和 KT3 的线圈断电释放，KT3 的通电延时闭合常开触头瞬时断开，接触器 KM4（或 KM5）的线圈断电释放，液压泵电动机停转。经过 1～3s 的延时，电磁铁 YA2 的线圈断电释放，主轴箱松开（或夹紧）的操作结束。

把转换开关 SA1 扳到左侧位置，则可使立柱单独松开或夹紧。

由于立柱和主轴箱的松开与夹紧是短时间的调整工作，所以采用点动方式控制。

3. 照明电路

照明电路的电源也是由变压器 TC 将 380V 交流电压降为 6V 安全照明电源，照明灯一端接地。

（1）合上 QF3 及总电源开关 QF1，则电源指示灯 HL1 亮，表示机床的电气电路进入带点状态。

（2）当主轴电动机 M2 运行时，接触器 KM1 吸合，KM1 辅助常开触头闭合，指示灯 HL2 亮。当主轴电动机停止工作时，接触器 KM1 释放，KM1 辅助常开触头恢复到常开的初始状态，指示灯 HL2 熄灭。

任务二　Z3050 型摇臂钻床电气故障的分析与查找

摇臂钻床电气控制的特殊环节是摇臂升降。Z3050 型摇臂钻床的工作过程是由电气与机械、液压系统紧密结合实现的。因此，在维修中不仅要注意电气部分能否正常工作，也要注意它与机械和液压部分的协调关系。本任务仅对摇臂钻床升降中的电气故障进行分析。

1. 摇臂不能升降

由摇臂升降过程可知，升降电动机 M2 旋转，带动摇臂升降，其前提是摇臂完全松开，活塞杆压位置开关 SQ2。如果 SQ2 不动作，常见故障是 SQ2 安装位置移动。这样，摇臂虽已放松，但活塞杆压不上 SQ2，摇臂就不能升降，有时，液压系统发生故障，使摇臂放松不够，也会压不上 SQ2，使摇臂不能移动，由此可见，SQ2 的位置非常重要，应配合机械、液压调整好后紧固。

电动机 M3 电源相序接反时，按上升按钮 SB4（或下降按钮 SB5），M3 反转，使摇臂夹紧，SQ2 应不动作，摇臂也就不能升降。所以，在机床大修或新安装后，要检查电源相序。

2. 摇臂升降后，摇臂夹不紧

由摇臂夹紧的动作过程可知，夹紧动作的结束是由位置开关 SQ3 来完成的，如果 SQ3 动作过早，其将导致 M3 尚未充分夹紧就停转。常见的故障原因是 SQ3 安装位置不合适，固定螺丝松动造成 SQ3 移位，使 SQ3 在摇臂夹紧动作未完成时就被压上，切断了 KM5 线圈回路，使 M3 停转。

排除故障时，首先判断是液压系统的故障（如活塞杆阀芯卡死或油路堵塞造成的夹紧力不够），还是电气系统的故障。对电气方面的故障，应重新调整 SQ3 的动作距离，固定好螺钉即可。

3. 立柱、主轴箱不能夹紧或松开

立柱、主轴箱不能夹紧或松开的可能原因是油路堵塞、接触器 KM4 或 KM5 不能吸合。出现故障时，应检查按钮 SB6、SB7 的接线情况是否良好，若接触器 KM4 或 KM5 能吸合，M3 能运转，可排除电气方面的故障，则应请液压、机械修理人员检修油路，以确定是否是油路故障。

4. 摇臂上升或下降限位保护开关失灵

组合开关 SQ1 的失灵分两种情况：一是组合开关 SQ1 损坏，SQ1 触头不能因开关动作而闭合或因接触不良而线路断开，由此使摇臂不能上升或下降；二是组合开关 SQ1 不能动作，触头熔焊，使线路始终处于接通状态，当摇臂上升或下降到极限位置后，摇臂升降电动机 M2 发生堵转，这时应立即松开 SB4 或 SB5。根据上述情况进行分析，找出故障原因，更换或修理失灵的组合开关 SQ1 即可。

5. 按下 SQ6，立柱、主轴箱能夹紧，但释放后就松开

由于立柱、主轴箱的夹紧和松开机构都采用机械菱形块结构，所以这种故障多为机械原因造成的。可能是菱形块和承压块的角度方向搞错，或者距离不合适，也可能是夹紧力调得太大或夹紧液压系统压力不够导致菱形块立不起来。对比可找机械修理工检修。

项目二　X62W 万能铣床电气控制电路的检修

任务一　认识 X62W 万能铣床

铣床是机械加工设备中常用的加工设备，可用于加工各种表面，如平面、阶台面、各种沟槽、成型面等。铣床的种类很多，按照加工性能和结构形式，其可以分为立式铣床、卧式铣床、龙门铣床、仿形铣床等。图 3－3 所示是几种常见的铣床外形。

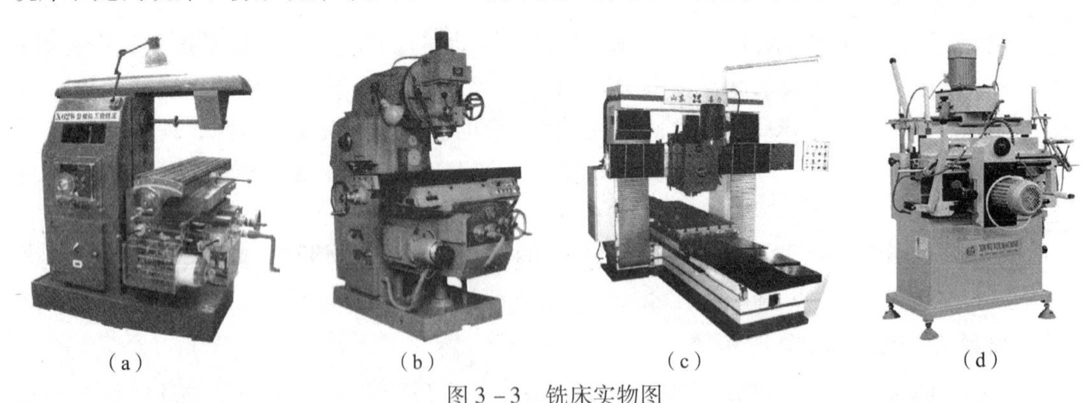

(a)　(b)　(c)　(d)

图 3－3　铣床实物图

(a) X62W 万能卧式铣床；(b) X5032A 立式升降台铣床；(c) X2007 龙门铣床；(d) 仿形铣床

万能铣床是一种通用的多用途加工机床，它可以用圆柱铣刀、圆片铣刀、角度铣刀、成型铣刀及断面铣刀等刀具对各种零件进行平面、斜面、螺旋面及成型表面的加工，另外加装万能铣头、分度头和圆工作台等机床附件还可扩大加工范围。常用的万能铣床有两种，一种是卧式万能机床，其铣头主轴与工作台台面平行；另一种是立式万能铣床，其铣头主轴与工作台台面垂直。

本项目以 X62W 卧式万能铣床为例对铣床电气控制电路进行分析。

一、主要结构及运动形式

铣削加工时，铣刀安装在刀杆上，铣刀的旋转运动为主运动。工件安装在工作台上，工件可随工作台作纵向进给运动，可沿滑座导轨作横向进给运动，还可随升降台作垂直方向的进给运动。为了减少工件向刀具趋近或离开的时间，三个方向的进给运动都配有快速移动装置。

图 3－4 所示为铣床几种主要加工形式的主运动和进给运动示意。

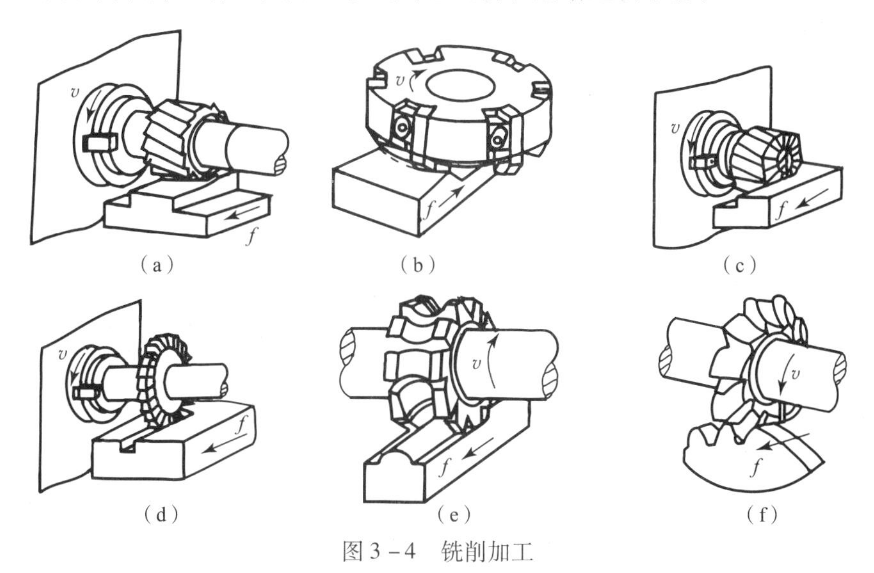

图 3－4　铣削加工

(a)、(b) 铣平面；(c) 铣阶台；(d) 铣沟槽；(e) 铣成型面；(f) 铣齿轮

X62W 卧式万能铣床的外形结构如图 3－5 所示，它主要由底座、床身、主轴、刀杆、悬梁、工作台、回转盘、横溜板和升降台等几部分组成。

图 3－5　X62W 卧式万能铣床的外形结构

1—床身；2—主轴；3—刀杆；4—悬梁；5—刀杆架；6—工作台；7—回转盘；8—横溜板；9—升降台；10—底座

铣床的型号意义如下：

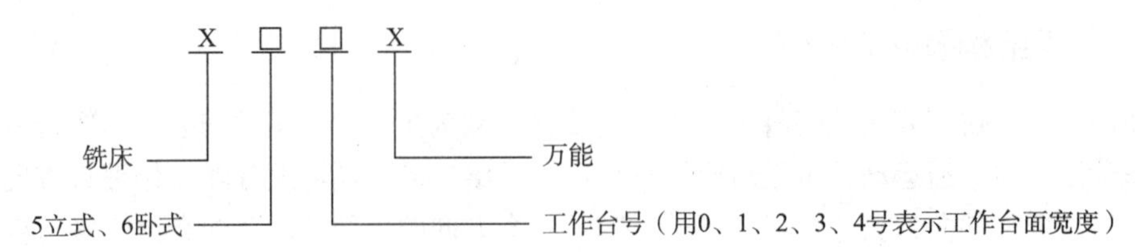

二、电力拖动特点及控制要求

铣床主轴带动铣刀的旋转运动是主运动；铣床工作台的前后、左右和上下运动是进给运动；铣床的其他运动则属于辅助运动，如工作台的回转运动。铣床的电力拖动控制要求和特点如下：

（1）万能铣床一般由三台异步电动机拖动，分别是主轴电动机、进给电动机和冷却泵电动机。

（2）铣削加工有顺铣和逆铣两种加工方式，因此要求主轴电动机能正、反转，但在加工过程中不需要主轴反转。主轴电动机通过主轴变速箱驱动主轴旋转，并由齿轮变速箱变速，因此主轴电动机不需要电气调速。又由于铣削是多刃不连续的切削，负载不稳定，所以主轴上装有飞轮，以提高主轴电动机旋转的均匀性，消除铣削加工时产生的振动。但这样会造成主轴停车困难，因此主轴电动机采用电磁离合器制动以实现准确停车。

（3）进给电动机作为工作台前后、左右和上下六个方向上的进给运动及快速移动的动力，也要求进给电动机能实现正、反转。

（4）为了扩大加工能力，在工作台上可加装圆形工作台，圆形工作台的回转运动由进给电动机经传动机构驱动。工作台六个方向的快速移动是通过电磁离合器的吸合和改变机械传动链的传动比实现的。

（5）三台电动机之间有联锁控制。为了防止刀具和铣床的损坏，要求只有主轴旋转后才允许有进给运动，同时为了减小加工件表面的粗糙度，要求只有进给停止后，主轴才能停止或同时停止。

（6）为了保证机床和刀具的安全，在铣削加工时，在任何时刻工件都只能作一个方向的进给运动，因此采用机械操作手柄和行程开关相配合的方式实现六个运动方向的联锁。

（7）主轴运动和进给运动采用变速盘进行速度选择，为保证变速后齿轮能良好啮合，主轴和进给变速后，都要求电动机作瞬时点动（变速冲动）。

（8）采用转换开关控制冷却泵电动机单向旋转。

（9）要求有安全照明设备及各种保护措施。

三、X62W 卧式万能铣床控制电路分析

X62W 卧式万能铣床控制电路可分为主电路、控制电路、直流电路、照明电路等部分。其电气控制原理如图 3－6 所示。

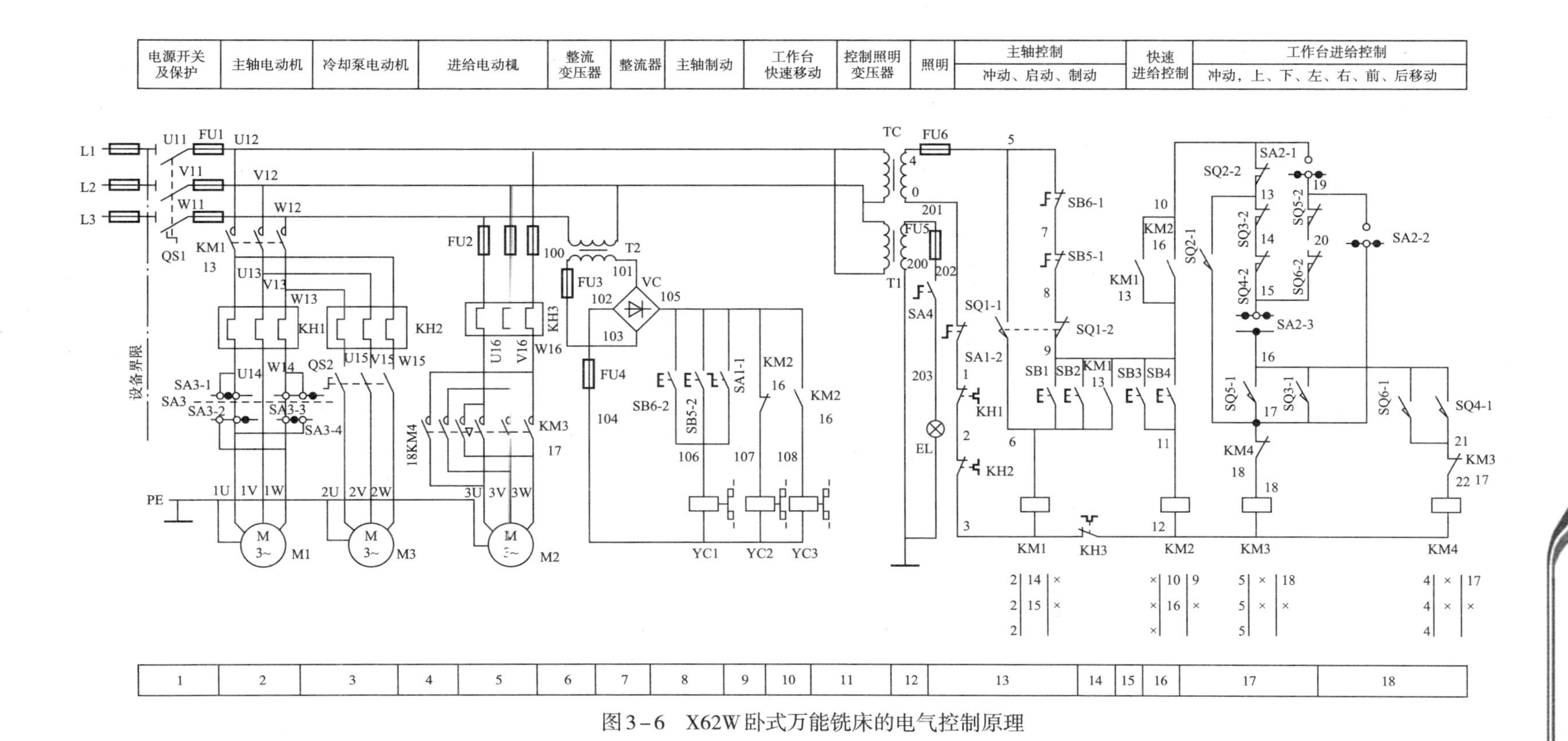

图3-6　X62W卧式万能铣床的电气控制原理

1. 主电路

主电路共有三台电动机，M1 是主轴拖动电动机，拖动铣刀进行铣削加工，SA3 为 M1 的换向开关，实现主轴正反转，M2 是进给电动机，通过操纵手柄和机械离合器相配合拖动工作台前后、左右、上下六个方向的进给运动和快速移动，接触器 KM3、KM4 控制电源相序，实现进给运动正、反转；M3 是冷却泵电动机，供应切削液，冷却被切削工件，且当 M1 起动后 M3 才能起动，用手动开关 QS2 控制；熔断器 FU1、FU2 作主电路的短路保护，热继电器 FR1、FR2、FR3 分别作 M1、M2、M3 的过载保护，接触器除具有控制功能外还具有失电压、欠电压保护功能。

2. 控制电路

控制电路的电源由控制变压器 TC 输出 110V 电压供电。

1）主轴电动机 M1 的控制

为了方便操作，主轴电动机 M1 采用两地控制方式，一组按钮 SB1 和 SB5 安装在工作台上，另一组按钮 SB2 和 SB6 安装在机床身上。KM1 控制主轴电动机 M1 的起动和停止，YC1 是主轴制动电磁离合器，SQ1 是主轴变速时瞬时电动机的位置开关。主轴电动机是经过弹性联轴器和变速结构的齿轮传动链来实现传动的，可使主轴具有 30 ~ 1 500r/min 的转速。

（1）主轴电动机 M1 的起动。

起动前应首先选好主轴的转速，然后合上电源开关 QS1，再把主轴换向开关 SA3（2 区）搬到需要的转向。

M1 的起动过程如下：

按下 SB1（或 SB2）→KM1 线圈得电
- →KM1 自锁触头闭合→M1 起动运转
- →KM1 主触头闭合→M1 起动运转
- →KM1（9 ~ 10）闭合→为工作台进给电路提供电源

（2）主轴电动机 M1 的制动。

按下 SB5（或 SB6）→
- →KM1 失电→KM1 常开触头断开→M1 靠惯性运转
- →SB5 或 SB6 常开触头闭合→YC1 接通制动，M1 停转

（3）主轴换刀控制。

M1 停转后主轴仍可自由转动。在主轴更换铣刀时，为避免主轴转动造成更换困难，应使主轴制动。具体做法是将转换开关 SA1 扳向换刀位置，其常开触头 SA1 - 1（8 区）闭合，电磁离合器 YC1 线圈得电，主轴处于制动状态以方便换刀，同时其常闭触头 SA1 - 2（13 区）断开，切断控制电路，铣床无法运行，保证人身安全。

（4）主轴变速时的瞬时点动（冲动控制）。

主轴变速箱装在床身左侧窗口上，主轴变速由一个变速手柄和一个变速盘来实现。主轴变速时的点动控制，是利用变速手柄与冲动位置开关 SQ1 通过机械上的联动机构进行的。变速时，先将变速手柄压下，使手柄的榫块落入第二道槽内，齿轮组脱离啮合。转动变速盘选定所需转速后，将变速手柄推回原位，这时榫块重新落进槽内，使齿轮组重新啮合。

2）进给电动机 M2 的控制

KM1 常开辅助触头（9 ~ 10）闭合后，工作台的进给运动控制电路得电，即主轴起动后

进给运动方可进行。工作台进给可在三个坐标的六个方向进行，即工作台在回转盘上的左右运动；工作台、回转盘和溜板一起在溜板上的前后运动；升降台在床身垂直导轨上的上下运动。这些进给运动通过两个操纵手柄和机械联动机构控制相应的位置开关进而控制进给电动机 M2 正转或反转来实现，并且六个方向的运动是联锁的，即一个时间只能进行一个方向的进给，不能同时运动。

（1）圆形工作台的控制。

圆形工作台可进行圆弧或凸轮的铣削加工。将转换开关 SA2 扳到接通位置，触头 SA2 - 1 和 SA2 - 3（17 区）断开，触头 SA2 - 2（18 区）闭合，KM3 线圈得电，电动机 M2 得电运转，通过一根专用轴带动圆形工作台作旋转运动。将旋转开关 SA2 扳到断开位置，圆形工作台停止旋转，这时触头 SA2 - 1 和 SA2 - 3 闭合，触头 SA2 - 2 断开，其可以保证工作台在六个方向的进给运动，因为圆工作台的旋转运动和六个方向进给运动是联锁的。

（2）工作台的左右进给运动。

工作台的左右进给运动由左右进给操作手柄控制。操作手柄与位置开关 SQ5 和 SQ6 联动，有左、中、右三个位置，其控制关系见表 3 - 2。当手柄扳向中间位置时，位置开关 SQ5 和 SQ6 均未被压合，进给控制电路处于断开状态；当手柄扳到向左位置时，手柄压下位置开关 SQ5，使常闭触头 SQ5 - 2（17 区）分断，常开触头 SQ5 - 1（17 区）闭合，接触器 KM3 得电动作，电动机 M2 正转。由于在 SQ5 被压合的同时，通过机械机构已将电动机 M2 的传动链与工作台下面的左进给丝杠相搭合，工作台向左运动。工作台向右运动与向左运动类似，只是手柄压合 SQ6，电动机 M2 反转，这里不再详述。当工作台向左或向右进给到极限位置时，工作台两端的限位挡铁碰撞手柄连杆，使手柄自动复位到中间位置，位置开关 SQ5 和 SQ6 复位，电动机的传动链与左右丝杠脱离，电动机 M2 停转，工作台停止进给，实现了左右运动终端保护。

表 3 - 2　工作台左右进给操作手柄及其控制关系

手柄的位置	位置开关的动作	接触器的动作	电动机 M2 的转向	传动链搭合丝杠	工作台的运动方向
左	SB5	KM3	正转	左右进给丝杠	向左
中	—	—	停止	—	停止
右	SB6	KM4	反转	左右进给丝杠	向右

（3）工作台的上下和前后进给运动。

工作台的上下和前后进给运动是由一个操作手柄控制的。该操作手柄与位置开关 SQ3 和 SQ4 联动，有上、下、前、后、中五个位置，其控制关系见表 3 - 3。

表 3 - 3　工作台上下前后进给操作手柄位置及其控制关系

手柄的位置	位置开关的动作	接触器的动作	电动机 M2 的转向	传动链搭合丝杠	工作台的运动方向
上	SQ4	KM3	反转	上下进给丝杠	向上
下	SQ3	KM4	正转	上下进给丝杠	向下

续表

手柄的位置	位置开关的动作	接触器的动作	电动机 M2 的转向	传动链搭合丝杠	工作台的运动方向
中	—	—	停止	—	停止
前	SQ3	KM3	正转	前后进给丝杠	向前
后	SQ4	KM4	反转	前后进给丝杠	向后

当手柄扳到中间位置时，位置开关 SQ3 和 SQ4 均未被压合，工作台无任何进给运动；当操作手柄扳至上或向后位置时，操作手柄压下位置开关 SQ4，使常闭触头 SQ4 - 2（17 区）分断，常开触头 SQ4 - 1（18 区）闭合，KM4 得电吸合，电动机 M2 正转，带动工作台向上或向后运动；当操作手柄扳至下或向前位置时，操作手柄压下位置开关 SQ3，使用常闭触头 SQ3 - 2（17 区）分断，常开触头 SQ3 - 1（17 区）闭合，KM3 得电吸合，电动机 M2 反转，带动工作台向下或向前运动。

任务二　X62W 万能铣床电气故障的分析与查找

X62W 卧式万能铣床的电气电路与机械传动配合紧密，电气维修要在熟悉电路原理和电气与机械传动的关系的基础上进行。下面就铣床的常见故障分析如下。

1. 主轴电动机 M1 不能起动

检修时首先应该检查各个开关是否正常，然后检查电源熔断器、热继电器的常闭触头、起动按钮和停止按钮以及接触器 KM1 的情况，如有电器损坏、接线脱落、接触不良应及时修复。另外，还应检查主轴变速冲动开关 SQ1 是否撞坏或常闭触头是否接触不良等。

2. 工作台各个方向都不能进给

检修故障时，首先检查圆工作台的控制开关 SA2 是否在“断开”位置。若没有问题，接着检查控制主轴电动机的接触器 KM1 是否已经吸合。如果接触器 KM1 不能得电，则表明控制电路电源有故障，可检测控制变压器 TC 一次侧、二次侧线圈和电源电压是否正常，熔断器是否熔断。待电源电压正常、接触器 KM1 吸合、主轴旋转后，若各个方向仍无进给运动，可扳动进给操作手柄至各个运动方向，观察其相关的接触器是否吸合。若吸合，则表明故障发生在主电路和进给电动机上，常见的故障有接触器主触头接触不良、脱落、机械卡死、电动机接线脱落和电动机绕组短路等。除此以外，由于经常扳动操作手柄，开关受到冲击，位置开关 SQ3、SQ4、SQ5、SQ6 的位置可能发生变动或被撞坏，使电路处于断开状态。变速冲动开关 SQ2 - 2 在复位时不能闭合接通或接触不良，也会使工作台没有进给。

3. 工作台能向左、右进给，不能向前、后、上、下进给

造成这种故障的原因可能是控制左、右进给的位置开关 SQ5 和 SQ6 由于经常被压合，造成螺丝松动、开关移位、触头接触不良、开关机构卡住等，这致使电路断开或开关不能复位闭合，电路 19 - 20 或 15 - 20 断开。这样当操作工作台向前、后、上、下运动时，位置开关 SQ3 - 2 或 SQ4 - 2 也被压开，切断了进给接触器 KM3、KM4 的通路，造成工作台只能左、右运动，而不能前、后、上、下运动。在检修故障的过程中，用万用表欧姆挡测量 SQ5 - 2 或 SQ6 - 2 的导通情况，先操纵前、后、上、下进给手柄，使 SQ3 - 2 或 SQ4 - 2 断开，否则

11－10－13－14－15－20－19 导通，会令人误认为 SQ5－2 或 SQ6－2 接触良好。

4. 工作台能向前、后、上、下进给，不能向左、右进给

出现这种故障的原因及排除方法可参照前述第 3 点，重点检查位置开关的常闭触头 SQ3－2 和 SQ4－2。

5. 工作台不能快速移动，主轴制动失灵

这往往是电磁离合器出现故障所致。首先应该检查接线有无脱落，整流变压器 T2、整流器中的四个整流二极管是否损坏，还有熔断器 FU3、FU6 是否正常工作，若有损坏应该及时修复。其次电磁离合器线圈是用环氧树脂黏合在电磁离合器的套筒内的，散热条件差，容易因发热而烧毁。另外，离合器的动摩擦片和静摩擦片经常摩擦，是易损件，检修时应注意这些问题。

6. 变速时不能冲动控制

这种故障多数是由于冲动位置开关 SQ1 和 SQ2 经常受到频繁的冲击，在开关位置压不上开关，甚至开关底座被撞坏或接触不良，使电路断开，从而造成主轴电动机 M1 或进给电动机 M2 不能瞬时点动。出现这种故障时，修理或更换开关并调整好开关的动作距离，即可恢复冲动控制。

【技能训练】

实验 11　X62W 万能铣床模拟控制线路的调试分析

一、实验目的

（1）熟悉 X62W 万能铣床模拟控制线路及其操作；

（2）通过实验掌握铣床电气设备的调试、故障分析及排除故障的方法。

二、实验设备

序号	型号	名称	数量
1	D51	波形测试及开关板	1 件
2	D61	继电接触控制挂箱（一）	1 件
3	D62	继电接触控制挂箱（二）	1 件
4	D63	继电接触控制挂箱（三）	1 件
5	DJ16	三相笼型异步电动机（△/220V）	1 件
	WDJ24	三相笼型异步电动机（△/220V）	1 件

三、实验内容及步骤

按图 3－7 接线，其中 M1 选用 WDJ24 三相笼型异步电动机，M2 选用 DJ16 三相笼型异步电动机，KM1、KM2、KM3、FR1、SB1、SB2、SB3、T、B、R 选用 D61 组件，Q1、Q2、Q3、SB4、FU1、FU2、FU3、FU4、ST1、ST2、ST3、ST4、KA1、KA2 选用 D62 组件，KA3 选用 D63 组件，S1、S2 选用 D51 组件。

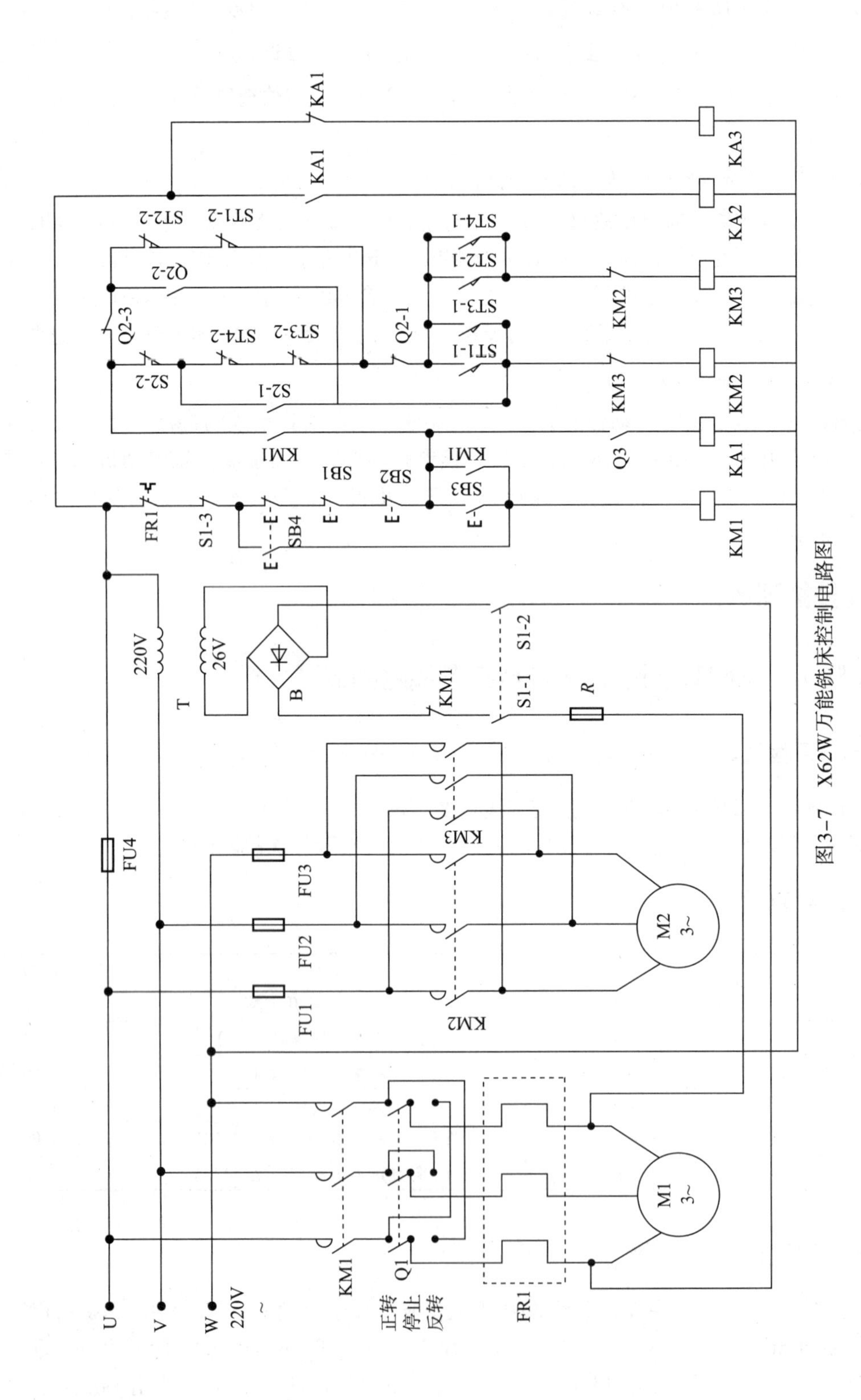

图3-7　X62W万能铣床控制电路图

（1）接好线后，仔细查对有无错接、漏接，各开关位置是否符合要求，检查无误后先对主轴电动机及进给电动机进行操作控制。

①主轴电动机控制。

a. 按交流电源接通按钮 SB3，操作 Q1 开关，对主轴的正转（假定为逆时针）、反转（假定为顺时针）进行预选，按下 SB1 或 SB2，电动机停止运转。

b. 按起动按钮 SB3，观察主轴电动机应起动运转，并符合假定的正、反转要求。

c. 变速冲动：在停机情况下，按 SB4 实现主轴电动机的冲动，以便于齿轮的啮合。

②进给电动机控制。

a. 圆工作台工作。Q2 开关置于圆工作台接通位置时（即 Q2－1、Q2－3 断开，Q2－2 闭合），在主轴电机起动的情况下，进给电动机正转；Q2 开关置于圆工作台断开位置时（即 Q2－2 断开、Q2－1 闭合、Q2－3 闭合），进给电动机停止运转。

b. 工作台纵向进给。Q2 开关置于圆工作台断开位置时（Q2－1、Q2－3 闭合，Q2－2 断开），操作 ST1 或 ST2（使 ST1－1 闭合或 ST2－1 闭合），进给电动机应正转或反转运行。

c. 工作台横向及垂直进给。Q2 开关置于圆工作台断开位置时（Q2－2 断开，Q2－1、Q2－3 闭合），操作 ST3 或 ST4（使 ST3－1 闭合或 ST4－1 闭合），进给电动机应正转或反转运行，实现工作台横向或垂直进给。

d. 工作台快速移动。在主轴电动机正常运转，工作台有进给运动的情况下，若合上开关 Q3，则 KA2 吸合（模拟电磁铁动作），工作台快速移动。

（2）验证工作台各运动方向间的机电互锁。

①当铣床的圆工作台旋转运动时，即 Q2－1、Q2－3 断开，Q2－2 闭合，如误操作进给手柄，使 ST1（或 ST2，或 ST3，或 ST4）动作，则进给电动机停止运转。

②工作台作向左或向右进给时，如果误操作向下（或向上，或向前，或向后）手柄，使 ST3（或 ST4）动作，则进给电动机停转。

③工作台向上（或向下，或向后）进给时，如果误操作向左（或向右）手柄，使 ST1（或 ST2）动作，进给电动机也停止运转。

④工作台不作任何方向的进给时，方可进行变速冲动。

⑤拨动 S1 开关（即 S1－1、S1－2 闭合，S1－3 断开），KM1 主触头马上断开，主轴电动机应制动。

（3）查找与排除故障。

①关断交流电源，由指导老师制造人为故障 1～2 处。

②重新检查接线，看能否在接通交流电源前排除故障，或接通电源，以在正常状态下的方式操作各主令电器，观察不正常的故障现象并将其记录下来，再进行检查、排除。

③排除故障后，再次接通电源，按正常运行要求操作一遍，经指导教师检查动作正常后，断开电源，拆掉所有连接线，做好结束整理工作。

【思考与练习五】

1. 钻床包含几种结构类型？分别是什么？
2. Z3050 型摇臂钻床的组成是什么？
3. 试简述 Z3050 型摇臂钻床的工作原理。

4. 试分析在摇臂钻床控制电路中，为什么摇臂的升降运动和主轴的旋转不能同时进行?

5. 在摇臂钻床的控制电路中，若摇臂上升接触器 KM2 线圈接线松动，则可能出现的故障现象是什么?

6. X62W 万能铣床的主轴电动机是如何进行变速冲动控制的?

7. X62W 万能铣床中有哪些电气联锁措施? 它是如何实现工作台的左右、上下、前后进给控制的?

8. X62W 万能铣床在工作时造成工作台不能快速移动的原因是什么?

9. X62W 万能铣床主轴变速冲动不正常的原因是什么?

参 考 文 献

[1] 赵淑娟，张辉，朱奎林．电机及电气控制［M］．成都：西南交通大学出版社，2009.

[2] 周定颐．电机及电力拖动［M］．北京：机械工业出版社，2002.

[3] 电气设备用图形符号国家标准汇编［M］．北京：中国标准出版社，2001.

[4] 郑凤翼．怎样看电气控制电路图［M］．北京：人民邮电出版社，2003.

[5] 周元一．电机与电气控制［M］．北京：机械工业出版社，2006.

[6] 胡幸鸣．电机及拖动基础［M］．北京：机械工业出版社，2000.

[7] 唐惠龙、牟宏钧．电机与电气控制技术项目式教程［M］．北京：机械工业出版社，2012.

[8] 连赛英．机床电气控制技术［M］．北京：机械工业出版社，2002.

[9] 马玉春．电机与电气控制［M］．北京：北京交通大学出版社，2010.

[10] 徐虎．电机及拖动基础［M］．北京：机械工业出版社，2002.

[11] 隋振有．中低压电控实用技术［M］．北京：机械工业出版社，2004.

[12] 李乃夫．工厂电气控制设备［M］．北京：高等教育出版社，2005.

[13] 闫和平．常用低压电器应用手册［M］．北京：机械工业出版社，2005.